Dinu Mathew

Alterações climáticas

Dinu Mathew

Alterações climáticas

Uma perspetiva indiana

ScienciaScripts

Imprint
Any brand names and product names mentioned in this book are subject to trademark, brand or patent protection and are trademarks or registered trademarks of their respective holders. The use of brand names, product names, common names, trade names, product descriptions etc. even without a particular marking in this work is in no way to be construed to mean that such names may be regarded as unrestricted in respect of trademark and brand protection legislation and could thus be used by anyone.

Cover image: www.ingimage.com

This book is a translation from the original published under ISBN 978-620-6-77250-7.

Publisher:
Sciencia Scripts
is a trademark of
Dodo Books Indian Ocean Ltd. and OmniScriptum S.R.L publishing group

120 High Road, East Finchley, London, N2 9ED, United Kingdom
Str. Armeneasca 28/1, office 1, Chisinau MD-2012, Republic of Moldova, Europe
Printed at: see last page
ISBN: 978-620-7-75436-6

PREFÁCIO

As alterações climáticas já não são uma ameaça teórica; são uma realidade que está a ter um efeito dramático no planeta e a apresentar dificuldades até agora nunca vistas, especialmente para nações como a Índia. A Índia está na linha da frente das alterações climáticas devido à sua vasta linha costeira, ecossistemas variados e população em rápida expansão. Os climas do país são muito diferentes, indo desde as luxuriantes florestas tropicais dos Ghats Ocidentais até aos desertos secos do Rajastão. Devido à sua diversidade, a Índia é particularmente vulnerável aos efeitos das alterações climáticas, como o aumento das temperaturas, a alteração dos padrões de precipitação e o aumento da frequência de fenómenos meteorológicos extremos, como ciclones, inundações e secas. Os rendimentos das culturas e a segurança alimentar estão em perigo devido à precipitação não sazonal, a secas prolongadas e a alterações nos padrões das monções.

O livro "Climate Change: An Indian Perspective" (Alterações Climáticas: Uma Perspetiva Indiana) fornece uma compreensão abrangente da forma como as alterações climáticas afectam a Índia e os caminhos nas estratégias de mitigação elaboradas a nível nacional. Sublinha como é crucial combinar ciência de ponta e conhecimentos tradicionais para criar planos eficazes que protejam o futuro da Índia. O livro é um monumento à tenacidade e à desenvoltura do povo indiano, bem como um reflexo das dificuldades trazidas pelas alterações climáticas. Procura aumentar a sensibilização para a necessidade crítica de enfrentar as alterações climáticas para bem das gerações presentes e futuras, bem como motivar a ação. Ao percorrer as páginas do livro, o leitor terá uma compreensão sofisticada dos aspectos complexos das alterações climáticas na Índia e será inspirado a associar esforços de grupo destinados a atenuar e a adaptar este problema mundial.

Dinu Mathew Doutoramento

Professor convidado do Governo

Departamento de Botânica CMS College Kottayam (Autónomo), Kerala,

Índia
[*dinumthw072@gmail.com*](mailto:dinumthw072@gmail.com)

Índice

Capítulo 1: ALTERAÇÕES CLIMÁTICAS: UMA INTRODUÇÃO

Introdução

As alterações climáticas, que estão a alterar drasticamente os padrões climáticos da Terra, representam grandes riscos para os ecossistemas, as civilizações humanas e a economia, sendo um dos desafios globais mais significativos do século XXI. As "alterações climáticas" referem-se a variações a longo prazo da temperatura da Terra, da precipitação e de outros parâmetros atmosféricos. Embora as forças naturais tenham sempre influenciado o clima, a atividade humana é a principal responsável pela atual tendência de mudança, que suscitou alarme e apelos a uma ação urgente. Prevê-se que o clima da Terra continue a mudar durante o resto deste século e para além dele. Os principais factores determinantes da magnitude das alterações climáticas após as próximas décadas serão a quantidade de gases com efeito de estufa (que retêm o calor) emitidos para a atmosfera à escala global e o grau de incerteza em torno da sensibilidade do clima da Terra a essas emissões. É possível limitar o aumento médio anual da temperatura global a 2°C ou menos, reduzindo significativamente as emissões de gases com efeito de estufa (GEE). Se não se conseguirem reduções consideráveis destas emissões, o aumento médio anual da temperatura global em relação aos níveis pré-industriais aumentará 5°C ou mais até ao final deste século (Kaddo, 2016).

A dinâmica natural do globo está a mudar devido às alterações climáticas, que têm um efeito profundo tanto nas civilizações humanas como nos ecossistemas. No século XXI, as repercussões deste fenómeno global tornam-se mais visíveis, exigindo uma resposta planeada e rápida. Compreender os principais componentes das alterações climáticas, bem como as suas bases históricas e científicas, é, por conseguinte, essencial, uma vez que evidenciam a necessidade de uma ação rápida e alargada.

A temperatura da Terra tem flutuado continuamente ao longo da sua história geológica como resultado de eras glaciares, períodos quentes e flutuações do nível do mar. No entanto, dado que a atividade humana quebrou o delicado equilíbrio que caracterizou grande parte da época do Holoceno, a história das actuais alterações climáticas é única, tanto no seu âmbito como no seu ritmo. Juntamente com uma grande dependência dos combustíveis fósseis, a Revolução Industrial provocou um período de tremendas alterações ambientais. O efeito de estufa, fenómeno natural que mantém a temperatura da Terra dentro de limites toleráveis, foi significativamente amplificado pelas actividades antropogénicas. A queima de combustíveis fósseis liberta gases com efeito de estufa para a atmosfera, como o dióxido de carbono e o metano, o que aumenta a capacidade da atmosfera para reter o calor e regular o clima. Este efeito de estufa reforçado provoca a subida do nível do mar, modificando os padrões meteorológicos, o aquecimento global e aumentando a frequência e a intensidade de fenómenos meteorológicos extremos (IPCC, 2023).

As alterações climáticas e os seus efeitos vão muito além do aumento das temperaturas. Os ecossistemas enfrentam desafios sem precedentes devido a alterações na biodiversidade, a perturbações nos ecossistemas e à extinção de várias espécies. As culturas humanas não estão imunes aos efeitos da alteração dos padrões climáticos, que também têm impacto na agricultura e nos recursos hídricos e aumentam a possibilidade de catástrofes (van-Aalst, 2006). A resiliência, a adaptação e a atenuação são frequentemente solicitadas à escala global, sublinhando a interconexão dos sistemas sociais, económicos e ambientais. Assim, a necessidade de estar consciente das alterações climáticas e de encontrar soluções inovadoras é da maior importância para que as gerações futuras possam viver num ambiente sustentável.

Contexto histórico

O estudo da história das alterações climáticas tem início no século anterior a 19th , quando as primeiras civilizações começaram a observar as alterações nos padrões meteorológicos e o fluxo e refluxo do clima de forma natural. Devido à sua estreita ligação com os ciclos naturais do mundo, as sociedades antigas puderam observar e registar as alterações ambientais. Estas sociedades primitivas compreenderam a natureza cíclica das estações e a influência das condições climáticas no seu modo de vida, desde os métodos agrícolas da antiga Mesopotâmia até às observações astronómicas dos antigos astrónomos chineses. Os fenómenos meteorológicos extremos são descritos em registos da Grécia, Índia e Roma antigas, salientando como as culturas são susceptíveis aos caprichos da natureza. As ideias culturais e religiosas estavam frequentemente associadas a estas descobertas iniciais. Muitas sociedades antigas viam os fenómenos meteorológicos catastróficos como manifestações do favor ou do desagrado dos deuses, atribuindo as alterações climáticas a forças sobrenaturais. Os nórdicos, por exemplo, baseavam os seus mitos culturais em ocorrências ambientais, atribuindo as mudanças climáticas à fúria de deuses como Thor.

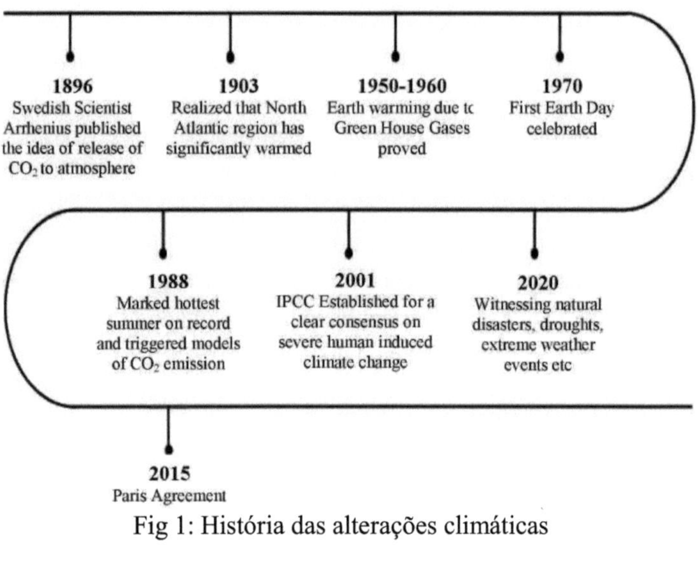

Fig 1: História das alterações climáticas

Embora os registos escritos antigos ofereçam informações importantes, os cientistas utilizam frequentemente dados de substituição para recriar climas históricos. Os anéis das árvores e os núcleos de gelo retirados dos glaciares e das regiões polares funcionam como arquivos naturais, preservando dados sobre as condições atmosféricas, as flutuações de temperatura e os padrões de precipitação. Através da análise destes indicadores, os investigadores podem alargar a sua compreensão da variabilidade climática para além dos limites dos registos históricos. A figura 1 mostra a história das alterações climáticas ao longo dos anos.

Ao longo do tempo geológico, o clima da Terra tem flutuado naturalmente, incluindo períodos interglaciares mais quentes e eras glaciares. No entanto, o ritmo das alterações climáticas acelerou nas últimas décadas, em comparação com a variabilidade natural histórica. Durante a Revolução Industrial, ocorreu um aquecimento global sem precedentes, em resultado das actividades humanas que libertaram enormes quantidades de gases com efeito de estufa (GEE) na atmosfera, exacerbando o efeito de estufa (Zhong e Haigh, 2013). [th]As descobertas anedóticas deram lugar a uma investigação científica metódica no século XIX. O papel dos gases com efeito de estufa foi investigado por meteorologistas pioneiros, como Svante Arrhenius e John Tyndall, que propuseram a ligação entre as emissões industriais e o aquecimento da atmosfera. [th]O estudo do clima sofreu uma mudança radical no século XX, à medida que as observações empíricas deram lugar à investigação científica. Uma compreensão mais profunda da dinâmica atmosférica da Terra foi possível graças às investigações rigorosas sobre a mecânica fundamental do clima que surgiram durante esta época.

[th]Foram criados observatórios meteorológicos e os dados meteorológicos foram sistematicamente recolhidos durante o século XX. Os alicerces do florescente campo da meteorologia foram criados por indivíduos notáveis, incluindo François Arago, que estabeleceu o primeiro observatório meteorológico em Paris, em 1835, e Luke Howard, que classificou as nuvens em 1803. Estes pioneiros compreenderam que a normalização das observações era necessária para resolver os enigmas da atmosfera. [th]John Tyndall efectuou estudos inovadores em meados do século XX que demonstraram como alguns gases da atmosfera terrestre contribuem para a retenção de calor. Tyndall demonstrou como esses gases absorviam e libertavam luz infravermelha, identificando-os como os principais contribuintes para o efeito de estufa. Este esforço estabeleceu as bases para

a compreensão do modo como a atividade humana afecta o clima da Terra. Com base na investigação de Tyndall, o cientista sueco Svante Arrhenius publicou um artigo de referência sobre o efeito de estufa do dióxido de carbono em 1896. De acordo com a teoria de Arrhenius, a atividade humana - especificamente, a combustão de combustíveis fósseis - pode intensificar o efeito de estufa e provocar o sobreaquecimento do planeta. Embora as suas projecções tenham sido inicialmente vistas com ceticismo, as suas descobertas ajudaram a moldar a direção dos estudos subsequentes sobre as alterações climáticas causadas pelo homem.

Além disso, a formalização da climatologia como um domínio científico distinto ocorreu no século XIX.[th] Os cientistas que estudavam os climas, incluindo Wladimir Koppen e Julius von Hann, começaram a classificar tipos distintos de climas de acordo com variáveis como a temperatura e a precipitação. Esta técnica metódica tornou possível compreender melhor os padrões climáticos globais. Mesmo com a continuação da investigação científica sobre o clima, continuaram a existir dificuldades. A investigação inicial sobre o clima era insuficiente devido à disponibilidade limitada de dados a nível mundial e à inadequação tecnológica. [th]Além disso, era necessária a cooperação entre meteorologistas, físicos e geógrafos devido ao carácter interdisciplinar da ciência do clima; esta foi uma luta que durou até ao século XX. [th]A compreensão da possível influência da atividade humana nas alterações climáticas começou no século XIX. Mas o conhecimento das influências humanas no clima ainda estava a desenvolver-se e os efeitos da industrialização no sistema climático da Terra ainda não eram totalmente compreendidos pelo mundo científico em geral.

[th]Em suma, a investigação científica organizada sobre o clima começou a surgir no século XIX, estabelecendo as bases para o tema multidisciplinar que existe atualmente. As contribuições de cientistas como Arrhenius e Tyndall assinalaram um ponto de viragem na nossa compreensão das intrincadas interacções entre os gases atmosféricos e o clima. [th]Com o fim do século XIX, o cenário estava montado para que o século XX ([th]) continuasse a elucidar as complexidades das alterações climáticas e dos seus factores humanos.

A Conferência de Villach 1985

A Conferência de Villach de 1985, que teve lugar em Villach, Áustria, é recordada como um ponto de viragem no desenvolvimento da investigação e na compreensão pública das alterações climáticas. Nesta reunião, reuniu-se um vasto leque de cientistas, decisores e especialistas para discutir o crescente conjunto de informações sobre o efeito de estufa e os seus possíveis efeitos no clima da Terra. No início dos anos 80, os estudos científicos apontavam progressivamente para a probabilidade de as acções humanas, em particular a combustão de combustíveis fósseis, estarem a contribuir para um efeito de estufa amplificado. Certos gases retêm o calor na atmosfera, um fenómeno natural conhecido como efeito de estufa, que é crucial para preservar o calor da Terra. As preocupações com o aquecimento global aumentaram, no entanto, quando este efeito se acentuou devido às emissões causadas pelo homem.

O principal objetivo da Conferência de Villach foi avaliar o estado da ciência sobre o aumento do efeito de estufa e a sua relação com as alterações climáticas observadas. O objetivo da reunião era lançar luz sobre o grau de influência humana no clima e as suas possíveis repercussões. O estabelecimento de um acordo científico sobre a veracidade do aumento do efeito de estufa foi um dos principais resultados da Conferência de Villach. Os especialistas presentes chegaram ao consenso de que a atividade humana estava a causar o aquecimento do globo, especialmente a libertação de gases com efeito de estufa como o dióxido de carbono. Este foi um ponto de viragem significativo, uma vez que permitiu à comunidade científica reconhecer que os seres humanos tinham um impacto no clima da Terra. A Declaração de Villach, uma declaração histórica que enfatizou a importância das alterações climáticas induzidas pelo homem, resumiu os resultados da conferência. A declaração sublinhou a necessidade urgente de cooperação internacional para resolver o problema e as graves consequências que poderiam resultar da inação. A Conferência de Villach foi essencial para chamar a atenção da comunidade mundial para as alterações climáticas. O reconhecimento de que os seres humanos afectam o clima tem um impacto significativo na sensibilização do público e nos debates políticos. As futuras conversações e acordos foram facilitados pelo facto de os governos e as organizações internacionais começarem a reconhecer a crescente ameaça ambiental.

A Conferência de Villach serviu de trampolim para outras iniciativas internacionais, como a criação, em 1988, do Painel Intergovernamental sobre as Alterações Climáticas (IPCC). A base concetual para as avaliações do PIAC foi proporcionada pelo consenso científico e pelos conhecimentos alcançados em Villach, que desde então têm sido essenciais para influenciar os acordos e as políticas globais em matéria de clima. Em suma, a Conferência de Villach de 1985 foi um ponto de viragem na história da nossa compreensão das alterações climáticas. Elevou o estatuto do acordo científico, acendendo o debate público e abrindo caminho a iniciativas de cooperação para mitigar a influência humana no clima do planeta. O legado da conferência mantém-se como um pilar no esforço contínuo para compreender, atenuar e adaptar-se aos problemas causados pelas alterações climáticas.

Painel Intergovernamental sobre as Alterações Climáticas (IPCC)

Em 1988, foi celebrado um acordo internacional entre o PNUA e a Organização Meteorológica Mundial (OMM) no sentido de trabalharem em conjunto para fornecer uma avaliação intergovernamental das opções, implicações e investigação relacionadas com a resposta às alterações climáticas. Depois de passar por um processo de revisão exaustivo, o Painel Intergovernamental sobre as Alterações Climáticas (IPCC), que foi formado para efetuar esta avaliação, produziu agora muitas avaliações pormenorizadas. As conversações da Convenção-Quadro das Nações Unidas sobre as Alterações Climáticas (CQNUAC) baseiam-se nas avaliações do IPCC, que fornecem aos países de todo o mundo uma base científica para o desenvolvimento de políticas relacionadas com as alterações climáticas.

Embora as avaliações salientem os riscos associados às alterações climáticas, discutam as consequências de potenciais soluções e forneçam estimativas das alterações climáticas futuras com base em vários cenários, não são prescritivas e não oferecem aos decisores políticos orientações sobre a forma de atuar. O PIAC oferece uma oportunidade especial para fornecer aos decisores informações científicas exactas e imparciais devido à sua natureza científica e intergovernamental. O IPCC está aberto à participação de qualquer país membro da ONU e da OMM. Durante as reuniões plenárias, o Painel, que é composto por membros de cada um dos Estados membros, toma decisões importantes. A Mesa do IPCC, que é selecionada pelos países membros, aconselha o Painel sobre os aspectos científicos e técnicos do seu trabalho, bem como sobre questões pertinentes de gestão e estratégia (IPCC, 2021).

O IPCC (2023) afirma que não há dúvida de que a atividade humana causou o aquecimento global, com a temperatura da superfície da Terra a aumentar 1,1°C e que o aquecimento se deve principalmente às emissões de gases com efeito de estufa. A utilização de energia insustentável, as alterações na utilização dos solos, os padrões de consumo e de produção nos países e entre países e os estilos de vida individuais contribuíram histórica e atualmente para o aumento global das emissões de gases com efeito de estufa entre 2010 e 2019. Os numerosos fenómenos meteorológicos extremos e as alterações climáticas induzidas pelos seres humanos já se fazem sentir em todas as partes do mundo, o que teve como resultado vários efeitos negativos na segurança alimentar e da água, na saúde humana, nas economias e na sociedade, bem como perdas e danos associados tanto para as pessoas como para o ambiente. As comunidades vulneráveis, que tradicionalmente são as que menos contribuem, são afectadas de forma desproporcionada.

O Protocolo de Quioto (1997)

O Protocolo de Quioto, adotado em 1997, representou um ponto de viragem significativo nos esforços globais para resolver o problema iminente das alterações climáticas. O protocolo, que representa um compromisso mundial dos países no sentido de reduzirem as emissões de gases com efeito de estufa, tornou-se importante em resposta ao número crescente de provas que ligam a atividade humana ao aquecimento global. Este ensaio examina os principais objectivos, elementos, dificuldades, legado e efeitos do Protocolo de Quioto, salientando a sua importância no quadro mais vasto da ação internacional em matéria de clima. Os principais objectivos do Protocolo de Quioto consistiam em abordar os níveis crescentes de emissões de gases com efeito de estufa, em especial por parte dos países desenvolvidos, e em reduzir os efeitos negativos das alterações climáticas causadas pelo homem. O protocolo, que foi negociado sob os auspícios da Convenção-Quadro das Nações Unidas sobre as Alterações Climáticas (CQNUAC), procurou estabelecer objectivos juridicamente vinculativos para as nações industrializadas reduzirem as suas emissões durante o primeiro período de compromisso, que decorreu de 2008 a 2012 (ONU, 1998). Os principais elementos do Protocolo de Quioto incluem

- Objectivos de redução das emissões: O compromisso assumido pelos países desenvolvidos de reduzir conjuntamente as suas emissões de gases com efeito de estufa para níveis que sejam, em média, 5,2% inferiores aos de 1990 está na base do Protocolo de Quioto. Este objetivo abrangeu os principais gases que contribuem para as alterações climáticas, como o dióxido de carbono, o metano e o óxido nitroso.
- Mecanismos flexíveis: O protocolo facilitou o cumprimento dos objectivos de redução das emissões através da introdução de novas abordagens baseadas no mercado. Estas incluíam a Implementação Conjunta (IC), que permitia aos países desenvolvidos trabalhar em conjunto para atingir os seus objectivos, o Mecanismo de Desenvolvimento Limpo (MDL), que permitia aos países desenvolvidos investir em projectos de redução de emissões nos países em desenvolvimento, e o comércio de emissões, que permitia aos países comprar e vender licenças de emissão.
- Adaptação e assistência financeira: Uma vez que os países em desenvolvimento são desproporcionadamente afectados pelas alterações climáticas, o Protocolo de Quioto inclui disposições relativas à transferência de tecnologia e à ajuda financeira. A noção de deveres partilhados mas distintos foi realçada na criação do Fundo de Adaptação, que foi concebido para ajudar as nações vulneráveis a adaptarem-se aos efeitos das alterações climáticas.

Apesar da sua natureza revolucionária, o Protocolo de Quioto deparou-se com uma série de obstáculos e objecções. As discussões sobre justiça e equidade foram desencadeadas pela exclusão de importantes economias em desenvolvimento, como a China e a Índia, dos objectivos de redução de carbono legalmente estabelecidos. Os Estados Unidos, um dos principais emissores, retiraram-se, o que reduziu ainda mais a influência mundial do protocolo. Os ambientalistas também criticaram os fracos objectivos globais de redução, alegando que era necessária uma ação mais agressiva para evitar alterações climáticas catastróficas. O Protocolo de Quioto estabeleceu as bases para acordos internacionais posteriores sobre o clima, deixando um legado duradouro. Promoveu um sentido de responsabilidade partilhada ao demonstrar a viabilidade da cooperação internacional em questões relacionadas com o clima. A implementação de mecanismos como o comércio de carbono e o Mecanismo de Desenvolvimento Limpo (MDL) moldou as políticas e os esforços climáticos subsequentes, conduzindo, em última análise, ao desenvolvimento de um regime climático global mais abrangente e dinâmico. Os ensinamentos retirados de Quioto são cruciais no atual terreno de negociações sobre o clima, com o Acordo de Paris a servir de monumento ao empenho contínuo da ação colectiva. A necessidade urgente de esforços ambiciosos e inclusivos para combater as alterações climáticas continua a ser uma prioridade na agenda mundial.

O Protocolo de Quioto é uma das realizações mais significativas do esforço global para combater as alterações climáticas. Os objectivos, o funcionamento e as dificuldades que enfrenta influenciaram o curso das negociações globais sobre o clima e fizeram-nos compreender melhor as suas complexidades. O Protocolo de Quioto continua a servir de farol, recordando-nos a nossa responsabilidade partilhada de proteger o planeta para as gerações presentes e futuras, à medida que a comunidade internacional procura o desenvolvimento sustentável e a resistência às alterações climáticas.

Efeito de estufa e aquecimento global

A superfície da Terra aquece naturalmente devido ao efeito de estufa.

Este efeito envolve algumas moléculas chamadas gases com efeito de estufa (GEE) que retêm a radiação solar na atmosfera da Terra. Ao mesmo tempo que permitem a entrada da luz solar na atmosfera, estes gases - principalmente vapor de água, dióxido de carbono (CO_2), metano (CH_4), óxido nitroso (N_2 O) e outros - retêm parte da radiação infravermelha emitida, impedindo-a de escapar para o espaço. O clima da Terra é um sistema complexo e dinâmico, que é influenciado tanto por factores naturais como por factores provocados pelo homem. O efeito de estufa e o aquecimento global são duas ideias fundamentais no centro da atual discussão sobre as alterações climáticas. Estes fenómenos estão interligados; são responsáveis pela determinação dos padrões de temperatura da Terra, que, por sua vez, afectam os ecossistemas e as sociedades humanas (Doll e Baranski, 2011).

O aquecimento global é uma das questões mais urgentes da atualidade, com os seus efeitos profundos no ambiente, nos ecossistemas e nas culturas humanas. Descreve o aumento constante da temperatura média da superfície da Terra, que é causado principalmente pela atividade humana que amplifica o efeito de estufa. Ao examinarmos as complexidades do aquecimento global, revelamos as suas fontes, efeitos e a necessidade de tomar medidas coordenadas para resolver este problema complicado e urgente.

Consequências do aquecimento global

O ambiente já está a ser significativamente afetado por alterações no clima da Terra provocadas pelo aumento das emissões humanas de gases com efeito de estufa: os glaciares e os mantos de gelo estão a recuar, o gelo dos lagos e dos rios está a derreter mais cedo, a distribuição dos animais e das plantas está a mudar e as árvores e plantas estão a florescer mais cedo (Abbass *et al.*, 2022). A perda de gelo marinho, a rápida subida do nível do mar e ondas de calor mais longas e mais intensas são alguns dos efeitos das alterações climáticas globais que os cientistas há muito previram que iriam ocorrer. Os efeitos negativos esperados e as perdas e danos associados aumentam com cada grau de aquecimento global, e a quantidade e o ritmo das alterações climáticas e dos riscos associados dependem em grande medida das actividades de atenuação e adaptação a curto prazo. Chuvas extremas, incêndios florestais e secas são exemplos de alterações que estão a ocorrer mais rapidamente do que os cientistas pensavam anteriormente. Na realidade, as alterações observadas no clima global não têm precedentes na história da humanidade moderna e algumas destas alterações serão irreversíveis nas próximas centenas a milhares de anos. Os cientistas são de opinião que as temperaturas globais continuarão a aumentar durante muitas décadas, principalmente devido aos gases com efeito de estufa produzidos pelas actividades humanas. Os principais impactos do aquecimento global são

- Aumento da temperatura: A temperatura média da superfície da Terra tem vindo a aumentar de forma constante, conduzindo a oceanos mais quentes, temperaturas do ar mais elevadas e ondas de calor mais frequentes e graves.

- Derretimento das calotas polares e dos glaciares: O aumento das temperaturas contribui para o derretimento das calotas polares e dos glaciares, levando à subida do nível do mar. Isto representa uma ameaça para as zonas costeiras e as ilhas baixas.

- Eventos climáticos extremos: O aquecimento global contribui para alterações nos padrões climáticos, resultando em fenómenos climáticos extremos mais frequentes e intensos, incluindo furacões, secas, inundações e incêndios florestais.

- Mudanças nos ecossistemas: A alteração dos padrões de temperatura e precipitação tem impacto nos ecossistemas, levando a mudanças na biodiversidade, nos padrões de migração e na distribuição das espécies vegetais e animais.

- Acidificação dos oceanos: O aumento dos níveis de CO2 atmosférico é absorvido pelos oceanos do mundo, levando à acidificação dos oceanos. Isto representa uma ameaça para a vida marinha, particularmente para os organismos com conchas ou esqueletos de carbonato de cálcio.

- Impactos na agricultura: Alterações na temperatura e
Os padrões de precipitação podem afetar o rendimento das

culturas e a segurança alimentar, conduzindo potencialmente a perturbações nos sistemas alimentares globais.

- Impactos nos ecossistemas: As alterações climáticas têm consequências de grande alcance para os ecossistemas e a biodiversidade, afectando a distribuição e o comportamento das espécies vegetais e animais. Os recifes de coral são particularmente vulneráveis, enfrentando o branqueamento e a degradação devido ao aumento da temperatura do mar, enquanto o degelo nas regiões polares ameaça a sobrevivência de espécies adaptadas a estes ambientes.

- Impactos humanos: Os impactos das alterações climáticas não se limitam ao mundo natural; afectam profundamente as sociedades humanas. As alterações nos padrões de temperatura e precipitação podem ter impacto na agricultura, levando a mudanças no rendimento das colheitas e ameaçando a segurança alimentar. A subida do nível do mar representa uma ameaça para as comunidades costeiras e os fenómenos meteorológicos extremos, como furacões, inundações e secas, podem resultar na perda de vidas, bens e meios de subsistência.

Dada a complexidade e diversidade da questão, é necessária uma ação imediata e coordenada para combater o aquecimento global. A inação tem efeitos de longo alcance nas economias, no bem-estar das comunidades e nos ecossistemas de todo o mundo. A humanidade tem a oportunidade de atenuar os efeitos do aquecimento global e de se afastar dele em prol de um futuro mais resiliente e sustentável através de soluções inovadoras, comportamentos sustentáveis e cooperação internacional. A complexa questão das alterações climáticas exige cooperação internacional e uma resposta rápida. Embora a comunidade científica tenha produzido provas sólidas de que as alterações climáticas são causadas pelo homem, continua a ser dever dos indivíduos, grupos, empresas e governos adotar comportamentos e políticas sustentáveis. A redução das emissões de gases com efeito de estufa, a adaptação à evolução das circunstâncias e a criação de um futuro mais resistente e sustentável para a Terra e os seus habitantes são passos necessários para combater as alterações climáticas.

São necessários esforços colectivos a nível local, nacional e internacional para combater as alterações climáticas, que incluem a redução das emissões de gases com efeito de estufa, a mudança para fontes de energia mais respeitadoras do ambiente, a salvaguarda dos ecossistemas e o aumento da capacidade de adaptação às alterações que já estão a ocorrer. Para combater eficazmente as alterações climáticas, é essencial a sensibilização do público, a educação e a tomada de decisões bem informadas.

Acordo de Paris (2015)

A evolução das alterações climáticas, desde as primeiras medições da variabilidade natural até à atual crise global que exige uma ação imediata, reflecte-se na sua história. Com a ajuda da cooperação global, das descobertas científicas e de uma maior consciencialização do público, o nosso conhecimento sobre as alterações climáticas mudou. Para além da investigação científica em curso, os desafios do futuro exigem esforços coordenados a nível tecnológico, político e de colaboração internacional. A história das alterações climáticas recorda-nos o nosso dever comum de proteger o mundo para as gerações vindouras, o que nos ajuda a negociar a complexidade do século XXI. Na notável jornada rumo a acordos sobre as alterações climáticas, o Acordo de Paris ocupa uma posição de destaque. Adotado em 2015, o Acordo de Paris é um acordo internacional histórico que demonstra o empenho da comunidade mundial no combate às alterações climáticas. O acordo, que foi negociado sob os auspícios da Convenção-Quadro das Nações Unidas sobre Alterações Climáticas (CQNUAC), tenta manter o aquecimento global bem abaixo dos 2 graus Celsius em relação aos níveis pré-industriais; no entanto, estão também a ser feitos esforços para atingir o objetivo mais ambicioso de $1{,}5^0$ C. Este acordo abrangente e inclusivo marca uma mudança radical na nossa determinação comum de combater as alterações climáticas.

Todas as nações, desenvolvidas e em desenvolvimento, são obrigadas pelo Acordo de Paris a assumir compromissos importantes para combater as alterações climáticas. Noventa e sete por cento das emissões mundiais provêm de países que já se comprometeram a enfrentar as alterações climáticas através das suas Contribuições Nacionalmente Determinadas (NDC). Até 2020, as nações irão rever os seus actuais compromissos e, idealmente, reforçarão os seus objectivos de redução de carbono para 2030. O Acordo de Paris prevê um sistema mais sólido de responsabilização e transparência para todas as nações; obriga à apresentação de relatórios sobre inventários e estimativas de gases com efeito de estufa que estão sujeitos a uma avaliação multilateral e a uma análise técnica especializada. Para ajudar na adaptação às alterações climáticas e no desenvolvimento de economias com baixo teor de carbono para os mais vulneráveis, as nações continuarão a oferecer financiamento climático. O Acordo de Paris dá início à próxima ronda de ação climática global, preparando o terreno para uma ação mais agressiva nas próximas décadas, embora não "resolva" as alterações climáticas. Apresentamos de seguida alguns dos principais aspectos do Acordo:

- **Objetivo a longo prazo em matéria de temperatura (artigo 2.º)**: Reiterando o objetivo de manter o aumento das temperaturas globais bem abaixo dos 2 graus Celsius e prosseguindo os esforços para o manter a 1,5 graus, o Acordo de Paris visa reforçar a resposta internacional às alterações climáticas.
- **Atingimento do pico global e "neutralidade climática" (artigo 4.º):** Para atingir o objetivo de temperatura, as Partes reconhecem que os países em desenvolvimento necessitarão de mais tempo para que as emissões globais de GEE atinjam o seu pico. Isto permitirá alcançar um equilíbrio entre as emissões antropogénicas por fontes e as remoções por sumidouros de GEE na segunda metade do século.
- **Mitigação (artigo 4.º)**: A contribuição determinada a nível nacional (CDN), bem como as acções nacionais para a concretizar, são obrigações vinculativas estabelecidas pelo Acordo de Paris para todas as Partes planearem, comunicarem e manterem. Além disso, determina que as Partes apresentem os seus CDN e outras informações necessárias à transparência e clareza de cinco em cinco anos. Cada novo CDN reflectirá o

mais elevado nível de ambição e será um passo em frente em relação ao anterior, lançando as bases para objectivos futuros. Embora as nações em desenvolvimento devam continuar a intensificar os seus esforços de atenuação e sejam encorajadas a avançar eventualmente para objectivos a nível de toda a economia à luz das suas circunstâncias nacionais únicas, as nações desenvolvidas devem continuar a dar o exemplo, comprometendo-se com objectivos de redução absolutos a nível de toda a economia.

- **Sumidouros e reservatórios (artigo 5.º)**: O Acordo de Paris também incentiva as Partes a conservar e melhorar, conforme apropriado, os sumidouros e reservatórios de GEE referidos no n.º 1 do artigo 4.
- **Cooperação voluntária/abordagens baseadas no mercado e não baseadas no mercado (artigo 6.º)**: O Acordo de Paris estabelece orientações para qualquer cooperação que envolva a transferência internacional de resultados de atenuação, incluindo a integridade ambiental, a abertura e uma contabilidade exaustiva. Reconhece também a possibilidade de cooperação voluntária entre as Partes para permitir uma maior ambição. Estabelece um quadro para métodos não mercantis de desenvolvimento sustentável e cria um mecanismo para ajudar a mitigar as emissões de gases com efeito de estufa e promover o desenvolvimento sustentável.
- **Adaptação (artigo 7.º)**: No contexto da meta de temperatura do Acordo, o Acordo de Paris estabelece um objetivo global de adaptação: melhorar a capacidade de adaptação, reforçar a resiliência e reduzir a suscetibilidade às alterações climáticas. Procura reforçar consideravelmente as iniciativas nacionais de adaptação, especialmente com assistência e colaboração global. Reconhece que todos enfrentam a questão mundial da adaptação. Todas as Partes devem participar na adaptação, incluindo a criação e a realização de objectivos nacionais de adaptação, e devem produzir e atualizar regularmente uma comunicação sobre a adaptação, descrevendo os seus

objectivos, acções, prioridades e necessidades. É importante reconhecer as tentativas de adaptação das nações emergentes.

- **Perdas e danos (artigo 8.º):** O Acordo de Paris reconhece a necessidade de prevenir, mitigar e lidar com as perdas e danos causados pelas alterações climáticas, em especial os fenómenos meteorológicos extremos e os fenómenos de evolução lenta. Reconhece igualmente a contribuição do desenvolvimento sustentável para reduzir o risco de perdas e danos. As Partes cooperam e facilitam os esforços recíprocos para aumentar os conhecimentos, as acções e o apoio, nomeadamente através do Mecanismo Internacional de Varsóvia, no que respeita às perdas e danos provocados pelos efeitos desfavoráveis das alterações climáticas.
- **Financiamento, tecnologia e apoio ao reforço das capacidades (artigos 9.º, 10.º e 11.º):** O Acordo de Paris, que pela primeira vez incentiva contribuições voluntárias de outras Partes, reitera as responsabilidades dos países ricos de ajudar as Partes que são países em desenvolvimento nos seus esforços para criar futuros limpos e resistentes ao clima. O objetivo da disponibilização de recursos deve ser o de estabelecer um equilíbrio entre a atenuação e a adaptação. As Partes que são países desenvolvidos concordam em apresentar, de dois em dois anos, informações indicativas sobre o apoio futuro, incluindo os níveis estimados de financiamento público, para além dos relatórios sobre os financiamentos anteriormente concedidos. O Acordo estabelece um quadro tecnológico e as actividades de reforço das capacidades serão reforçadas através, nomeadamente, de um maior apoio a acções de reforço das capacidades nas Partes que são países em desenvolvimento e de disposições institucionais adequadas. Estes desenvolvimentos reforçarão igualmente a cooperação internacional em matéria de desenvolvimento e transferência de tecnologias seguras para o clima e de reforço das capacidades nos países em desenvolvimento. O Acordo apela também à melhoria do conhecimento, do envolvimento, do acesso à informação e da

formação do público em matéria de alterações climáticas (artigo 12.º).

- - O Acordo apela também à melhoria da participação do público, da educação, da formação, da sensibilização e do acesso à informação sobre as alterações climáticas (artigo 12.º).
- **Transparência (artigo 13.º), aplicação e cumprimento (artigo 15.º)**: Com o objetivo de clarificar a ação e o apoio das Partes, com flexibilidade para as suas diferentes capacidades, o Acordo de Paris depende de um forte mecanismo de transparência e contabilidade. O Acordo exige que cada Parte comunique informações sobre a atenuação, a adaptação e o apoio, e que essas informações sejam analisadas por um painel global de peritos técnicos. O Acordo contém também uma estrutura que apresentará relatórios anuais e ajudará na implementação e promoção do cumprimento de forma não punitiva e contraditória.
- **Balanço global (art. 14.º):** Um "balanço global" que terá lugar em 2023 e, posteriormente, de cinco em cinco anos, avaliará os progressos globais realizados na consecução do objetivo do Acordo de uma forma exaustiva e útil. O seu objetivo mundial a longo prazo e a melhor ciência disponível servirão de base. Os resultados ajudarão as Partes a atualizar e melhorar os seus planos de ação climática, bem como a apoiar e reforçar a cooperação global neste domínio.

Além disso, serão tomadas outras medidas para melhorar a ação antes de 2020, como o reforço do procedimento de avaliação técnica, a melhoria da disponibilidade de financiamento, tecnologia e assistência imediatos e o reforço da participação de alto nível. A fim de avaliar os progressos conjuntos realizados para atingir o objetivo de redução das emissões a longo prazo previsto no artigo 4. 4, está previsto um discurso facilitador para 2018. A decisão também elogia o trabalho que está a ser feito para enfrentar e responder às alterações climáticas por todos os intervenientes não-Partes, incluindo as cidades, outras autoridades subnacionais, o sector comercial, as instituições financeiras e a sociedade civil. A plataforma da Zona de Actores

Não Estatais para a Ação Climática convida estes intervenientes a intensificarem as suas actividades e a expô-las. As Partes também reconheceram a importância de oferecer incentivos por meio de instrumentos como leis nacionais e preços de carbono, bem como a necessidade de aprimorar o conhecimento, as tecnologias, as práticas e os esforços dos povos indígenas e das comunidades locais.

O Acordo de Paris é um testemunho da cooperação mundial face a uma ameaça existencial. Representa um compromisso coletivo para enfrentar as alterações climáticas através de esforços ambiciosos e determinados a nível nacional. À medida que as nações continuam a trabalhar para atingir os seus objectivos climáticos, o Acordo de Paris serve de modelo para um futuro sustentável e resiliente, instando o mundo a agir coletivamente para salvaguardar o planeta para as gerações presentes e futuras.

Conclusão

Compreender as complexidades deste dilema global, utilizando o contexto histórico das alterações climáticas como uma lente, abrirá a questão. A história das alterações climáticas está firmemente enraizada na história comum, englobando tanto a aceleração das alterações induzidas pelo homem como a variabilidade inerente ao clima da Terra. O caminho a seguir foi tornado claro pelos desenvolvimentos científicos, que nos estão a ajudar a compreender as causas e os efeitos do aquecimento global. Embora os acordos internacionais sejam um começo na direção certa, também sublinham a necessidade de uma maior ambição e de uma cooperação contínua para enfrentar os desafios que se avizinham. Considerando que todo o universo se encontra na encruzilhada da história e do futuro, é mais importante do que nunca enfrentar as alterações climáticas. A visão que as gerações futuras terão da Terra será moldada pelas decisões de hoje. As oportunidades de atravessar as profundezas da transformação ambiental e criar um futuro resiliente, equitativo e sustentável através de comportamentos sustentáveis, tecnologias de ponta e um compromisso comum com o bem-estar global são a necessidade do momento. Para garantir um planeta florescente para todos, o pano de fundo histórico funciona como um guia, implorando-nos que tomemos medidas decisivas no presente e aprendamos com o passado.

Referências

Abbass, K., Qasim, M.Z., Song, H., Murshed, M., Mahmood, H. e Younis, I. 2022. A review of the global climate change impacts, adaptation, and sustainable mitigation measures. *Environ. Sci. Pollut. Res.* 29:42539-42559.

Doll, J.E. e Baranski, M. 2011. *Noções básicas sobre gases com efeito de estufa.* Climate Change and Agriculture Fact Sheet Series E3148. https://www.canr.msu.edu/ uploads/resources/pdfs/greenhouse_gas_basics_(e3148).pdf. Acedido em 26.01.2024.

IPCC. 2021. IPCC *Factsheet What is the IPCC*? https://www.ipcc.ch /site/assets/uploads/2021/07/AR6_FS_What_is_IPCC.pdf. Acedido em
em 30.01.2024.

IPCC. 2023. *Alterações climáticas 2023: Relatório de síntese. Contribuição dos Grupos de Trabalho I, II e III para o Sexto Relatório de Avaliação do Painel Intergovernamental sobre Alterações Climáticas*. IPCC, Genebra, Suíça. doi: 10.59327/IPCC/AR6-9789291691647.001

Kaddo, J.R. 2016. *Mudanças Climáticas: Causas, Efeitos e Soluções.* A com Projetos de Honra. 164.

LeTreut, H., Somerville, R., Cubasch, U., Ding, Y., Mauritzen, C., Mokssit, A., Peterson, T. e Prather, M. 2007. Panorama histórico das alterações climáticas. In: Solomon, S., Qin, D., Manning, M., Chen, Z., Marquis, M., Averyt, K.B., Tignor, M. e Miller, H.L. (Eds.). *Climate Change 2007: The Physical Science Basis. Contribuição do Grupo de Trabalho I para o Quarto Relatório de Avaliação do Painel Intergovernamental sobre as Alterações Climáticas*. Cambridge University Press, Cambridge, Reino Unido e Nova Iorque, NY, EUA.

ONU. 1998. Protocolo de Quioto à Convenção-Quadro das Nações Unidas sobre as Alterações Climáticas. https://unfccc.int/resource/docs/convkp/kpeng.pdf.

Acedido em 26.01.2024.

Van-Aalst, M.K. 2006. The impacts of climate change on the risk of natural disasters (Os impactos das alterações climáticas no risco de catástrofes naturais). *Disasters.* 30(1):5-18.

Zhong, W. e Haigh, J.D. 2013. O efeito de estufa e o dióxido de carbono. *Weather.* 68(4):100-105.

Capítulo 2: BIODIVERSIDADE E ALTERAÇÕES CLIMÁTICAS NA ÍNDIA

Introdução

A Índia é um dos 17 países megadiversos do mundo, onde vivem mais de um milhão de espécies animais e mais de 49.000 espécies vegetais. A Índia alberga 7-8% de todas as espécies conhecidas, apesar de representar apenas 2,4% da superfície do planeta (Myers, 2003). Além disso, a Índia alberga algumas das maiores populações selvagens de grandes mamíferos que vivem em liberdade e que ainda existem atualmente (Sukumar, 1989; Ranganathan *et al.*, 2008). A Índia também tem uma longa linha costeira de 7.517 quilómetros. Milhões de pessoas nesta nação dependem do uso sustentável e da preservação dos seus enormes recursos biológicos, que fazem parte de um mosaico de ecossistemas naturais e culturais, tanto para o seu bem-estar económico como para o seu modo de vida. A Índia compreende naturalmente o valor da biodiversidade e a necessidade de a proteger. Desde o início dos tempos, indivíduos, grupos e instituições, tanto dentro como fora do governo, têm trabalhado para conservar, melhorar e proteger a biodiversidade numa variedade de frentes.

No entanto, a nação deve encontrar um equilíbrio entre a preservação da sua imensa diversidade biológica e a promoção do crescimento e do bem-estar humanos, o que apresenta certos obstáculos e desafios. Este problema assume um aspeto mais abrangente devido às alterações climáticas. Prevê-se geralmente que as alterações climáticas afectarão negativamente o bem-estar humano e a biodiversidade de várias formas. Devido aos serviços ecossistémicos que presta, a biodiversidade é crucial tanto para a atenuação como para a adaptação às alterações climáticas. A manutenção da diversidade biológica a todas as escalas, dos genes aos biomas, é a melhor forma de permitir os ajustamentos rápidos necessários para que as sociedades humanas se adaptem às alterações climáticas no futuro. Devido à sua enorme diversidade de sistemas humanos e biológicos, a Índia está bem posicionada para enfrentar este desafio.

Biodiversidade na Índia: Um Mosaico de Vida e Ecossistemas

A Índia é conhecida pela sua vasta gama de cenários, que contribuem para a sua extraordinária diversidade de vida. Desde os imponentes Himalaias, no norte, até às luxuriantes florestas tropicais dos Ghats Ocidentais, no sul, e desde os desertos áridos do Rajastão até às zonas costeiras, o país possui uma manta de retalhos diversificada de habitats que suportam uma espantosa variedade de flora e vida selvagem. A biodiversidade da Índia deve ser cuidadosamente considerada, incluindo a sua riqueza, as suas características únicas, os desafios que se colocam à sua conservação e o significado cultural incorporado nas áreas de património natural da nação. Com uma incrível variedade de espécies de plantas, a Índia é um dos hotspots mundiais de biodiversidade. Tanto os Himalaias Orientais como os Ghats Ocidentais são reconhecidos como hotspots de biodiversidade devido à sua abundância de espécies vegetais nativas. O país alberga uma grande diversidade de plantas, arbustos, ervas e gramíneas, incluindo variedades bem conhecidas como o lótus, o neem e a figueira-de-bengala. Só nos Ghats Ocidentais, existem mais de 7.000 espécies distintas de plantas com flores (Gadgil, 1996).

Uma grande variedade de animais, aves, répteis, anfíbios e insectos constituem a fauna igualmente variada. Entre as espécies emblemáticas que atraem o interesse de todo o mundo contam-se o leão asiático, o elefante indiano, o tigre de Bengala e o rinoceronte indiano. Com mais de 1300 espécies de aves, incluindo o abutre indiano, em vias de extinção, e o colorido pavão indiano, a nação é também um paraíso para os observadores de aves. A diversidade de répteis no país é reforçada por espécies invulgares como o crocodilo Gharial e a Cobra-rei. A diversidade do terreno da Índia resultou no aparecimento de ecossistemas únicos, que contribuem para a biodiversidade do país como um todo (Krishnan *et al.,* 2012). Estes ecossistemas, que vão desde as florestas sempre verdes dos Ghats Ocidentais até ao deserto de Thar e desde os picos nevados dos Himalaias até aos mangais ao longo da costa, oferecem habitats especializados para uma gama diversificada de espécies. Os recifes de coral, os prados e as zonas húmidas contribuem para a diversidade natural.

Apesar da sua riqueza, a biodiversidade da Índia está em perigo. Uma das principais preocupações é a destruição do habitat provocada pela industrialização, urbanização e crescimento agrícola. A degradação dos ecossistemas devido a espécies invasoras, poluição, alterações climáticas e utilização excessiva dos recursos naturais é comum. As intrincadas interacções entre estas variáveis são frequentemente abordadas por iniciativas de conservação, exigindo uma estratégia abrangente e cooperativa. A biodiversidade da Índia está profundamente enraizada na cultura do país. Muitas espécies animais e vegetais têm importância tradicional, religiosa e cultural. O animal nacional da Índia, o tigre de Bengala, é altamente considerado na mitologia. Os bosques sagrados, como os que se encontram nas colinas Niyamgiri de Odisha, demonstram como as crenças indígenas e a conservação da biodiversidade estão interligadas. A santidade associada a rios como o Ganges realça a relação entre os modos de vida tradicionais e a conservação do ambiente (Saha, 2016; Dev, 2017).

A Índia tomou uma série de medidas relacionadas com a conservação para proteger a sua biodiversidade. Grandes extensões do país estão cobertas por áreas protegidas, como parques nacionais e santuários de vida selvagem. O objetivo do Projeto Tigre é proteger o tigre de Bengala e os seus habitats naturais. Além disso, iniciativas de florestação e projectos de conservação baseados na comunidade apoiam a preservação da biodiversidade (MoEF, 2011). Em suma, a biodiversidade da Índia testemunha a riqueza natural e a complexidade ecológica do país. A importância dos esforços de conservação é demonstrada pela variedade de habitats e pela multiplicidade de espécies. A manutenção desta biodiversidade abundante é essencial para a sobrevivência de espécies raras e ameaçadas, bem como para o equilíbrio ecológico que sustenta o bem-estar humano e ambiental. A biodiversidade da Índia deve ser salvaguardada para as gerações futuras através de um equilíbrio harmónico entre desenvolvimento e conservação, uma vez que o país continua a debater-se com estas questões.

Implicações das alterações climáticas na biodiversidade

Para além de ser essencial para a saúde dos ecossistemas, a biodiversidade também ajuda a evitar calamidades catastróficas. Prevê-se que a subida do nível do mar e outros fenómenos meteorológicos extremos, como tempestades e inundações, se tornem perigos mais comuns em resultado das alterações climáticas. De acordo com Adger *et al.* (2005), é crucial aumentar a resistência às catástrofes, especialmente nas zonas costeiras. A manutenção da resiliência dos ecossistemas às alterações ambientais, especialmente durante os períodos de reorganização dos ecossistemas, depende fundamentalmente da diversidade de respostas encontradas em diferentes espécies que desempenham o mesmo papel ecológico (Elmqvist *et al.*, 2003). De acordo com Munang *et al.* (2013), uma função reguladora significativa que os ecossistemas proporcionam é a mitigação dos riscos naturais, o que é particularmente verdadeiro no presente, uma vez que as alterações climáticas estão a tornar os padrões meteorológicos mais imprevisíveis. Os impactos das inundações, deslizamentos de terras, incêndios florestais, secas e tempestades podem ser atenuados com maior sucesso se os ecossistemas forem geridos de forma a preservar a biodiversidade. Por exemplo, descobriu-se que as florestas de mangue, que apoiam as comunidades locais e actuam como locais de reprodução e amamentação para peixes, caranguejos e répteis, bem como uma fonte de rendimento, atenuam os efeitos dos tsunamis (Danielsen *et al.*, 2005; Kathiresan e Rajendran, 2005).

Os animais e as plantas são sensíveis às alterações do clima e da temperatura. As mudanças rápidas de temperatura têm sido associadas às migrações em massa de plantas e animais, tal como evidenciado pela evolução biológica. Alterações rápidas no clima podem causar um aumento de doenças, deslizamentos de terras e incêndios florestais que destroem a flora e os animais. Todos os organismos evoluíram para se adaptarem a um espetro específico de circunstâncias ambientais. Muitas espécies de plantas e animais estão em risco de extinção devido às alterações climáticas. As alterações no ambiente não afectam diretamente nenhuma espécie, mas têm um impacto indireto devido às interacções com outras espécies (Pearson e Siller, 2022).

Em 2019, durante a sua sétima reunião plenária, a Plataforma Intergovernamental Científica e Política sobre Biodiversidade e Serviços Ecossistémicos (IPBES) produziu um relatório de avaliação crítica sobre o estado e a trajetória do mundo natural, bem como as consequências decorrentes desses padrões. Esta avaliação é, nomeadamente, uma síntese mais global e completa, uma vez que incluiu informações provenientes de um vasto leque de fontes e perspectivas, incluindo os conhecimentos indígenas e locais. De seguida, apresentam-se algumas das principais conclusões do relatório do plenário da IPBES sobre os efeitos das alterações climáticas na biodiversidade:

- As alterações climáticas são um motor direto e substancial das mudanças na natureza, que também interage e amplia os impactos de outros motores, como as alterações na utilização dos solos, a sobre-exploração, a poluição e as espécies invasoras.
- A atividade humana provocou um aumento da temperatura global de 1,0°C em relação aos níveis pré-industriais, um aumento da frequência e da intensidade dos fenómenos meteorológicos extremos nos últimos 50 anos e um aumento do nível do mar de mais de 3 mm por ano nos últimos 20 anos, o que alterou a distribuição das espécies, a estrutura e a dinâmica das populações e das comunidades e o funcionamento dos ecossistemas.
- Prevê-se que os impactos das alterações climáticas se acelerem nos próximos anos, com um agravamento exponencial dos efeitos sobre a biodiversidade e o funcionamento dos ecossistemas. Os efeitos variarão a nível regional, com os ecossistemas tropicais a enfrentarem declínios particularmente grandes na biodiversidade devido à combinação das alterações climáticas com as alterações na utilização dos solos e a exploração dos recursos haliêuticos.
- Prevê-se que um aquecimento global estimado entre 1,5°C e 2°C provoque uma diminuição da área de distribuição da maioria das

espécies terrestres, o que, por sua vez, aumentará o risco de extinções globais. Estudos indicam que, com um aquecimento de 2°C, 5% das espécies estarão em risco de extinção devido às alterações climáticas. As extinções de populações locais já estão bem estabelecidas e generalizadas.

- Quase metade dos mamíferos terrestres ameaçados (com exceção dos morcegos) e um quarto das aves ameaçadas já foram potencialmente afectados negativamente pelas alterações climáticas em alguma parte da sua área de distribuição. Prevê-se que o número de espécies ameaçadas aumente devido às alterações climáticas.
- A capacidade de resposta das espécies às alterações climáticas dependerá da sua capacidade de se dispersarem, de se deslocarem para condições favoráveis ou de evoluírem.

A forma como as plantas reagem às alterações climáticas depende, em grande parte, de efeitos indirectos. Uma espécie que sofra uma alteração na sua área de distribuição devido às alterações climáticas pode "invadir" a área de distribuição de outra espécie, estabelecendo assim uma nova relação de competição. Assim, espera-se que as temperaturas baixas e máximas, bem como a frequência de tempestades severas e de fenómenos de precipitação, se alterem devido às alterações climáticas. No subcontinente indiano, prevê-se que haja menos precipitação no inverno e mais precipitação nas monções de verão; até 2050, prevê-se que a precipitação no inverno diminua 10-20% e que a precipitação no verão aumente 30% (Kumar e Chopra, 2009).

Os efeitos nos recifes de coral incluem uma variedade de modificações em processos fisiológicos e ecológicos subtis mas fundamentalmente significativos, bem como o aumento do branqueamento em massa dos corais e a diminuição das taxas de calcificação. Os ecossistemas dos recifes podem extinguir-se em todo o mundo até meados deste século, devido à falta de provas de que as espécies que constroem os recifes de coral e outros organismos sejam capazes de se adaptar a estas alterações. No entanto, existe uma boa hipótese de evitar este futuro sombrio para os recifes de coral, limitando a quantidade de dióxido de carbono que entra na atmosfera e reduzindo as pressões locais, como a sobrepesca e a deterioração da qualidade da água. Uma vez que milhões de pessoas dependem dos recifes de coral para a sua subsistência, é imperativo que medidas como esta sejam tomadas (Wilkinson e Buddemeier. 1994).

Os corais migram para longe das baixas latitudes, deixando algas e esponjas no seu lugar, o que faz com que a pesca tropical se torne menos produtiva (Ainsworth e Mumby, 2015). A diversidade das espécies marinhas está positivamente ligada aos serviços e funções dos ecossistemas. As alterações climáticas podem ter um impacto no crescimento, na sobrevivência e na reprodução das unidades populacionais de peixes, o que reduziria a produtividade dos ecossistemas marinhos. Os ecossistemas que suportam mais espécies mobilizam os nutrientes do solo e da água de forma mais eficiente do que os ecossistemas que suportam menos espécies (Tilman *et al.,* 1996). As alterações climáticas põem em risco o abastecimento de água devido à alteração dos padrões de escoamento e ao aumento da temperatura do ar (Whitehead *et al.,* 2009). Também na gestão das florestas surgem dificuldades semelhantes. De acordo com Thompson *et al.* (2009), a biodiversidade nas florestas está positivamente correlacionada com a produtividade, a estabilidade e a resiliência dos ecossistemas.

Entre os ecossistemas mais produtivos e biologicamente diversos do planeta encontram-se as florestas tropicais. Para além de serem importantes sumidouros de carbono, oferecem serviços ecossistémicos significativos a nível regional e global, incluindo a produção de oxigénio e a regulação do clima (Malhi *et al.,* 2008).

O sequestro de carbono diminuirá significativamente se houver uma grande redução do número de árvores. Prevê-se que a redução da produtividade provocada pelas alterações climáticas agrave a perda de biodiversidade, o que afectará o fluxo de bens e serviços das florestas (Rull e Vegas-Vilarrúbia 2006). De acordo com Chang *et al.* (2007), a vegetação urbana pode ajudar a reduzir o impacto da ilha de calor. Uma consequência indireta das alterações climáticas é o calor urbano, que aumenta a energia necessária para o arrefecimento. As alterações climáticas podem afetar os serviços e bens do ecossistema que apoiam a saúde humana através dos seus efeitos na biodiversidade. Através de alterações na distribuição dos vectores, as diferenças de temperatura e precipitação a curto prazo podem ter um impacto na ocorrência de dengue, malária e diarreia (Patz *et al.*, 1996; Estrada *et al.*, 2016).

É evidente que a principal causa da perda de biodiversidade a nível mundial são as alterações climáticas. A principal causa das alterações ambientais que afectam negativamente a biodiversidade é a atividade humana. A aceleração do aquecimento global devido ao aumento das emissões de gases com efeito de estufa afecta os seres humanos, a biodiversidade e o equilíbrio ecológico. Para que os seres humanos sobrevivam, o equilíbrio ecológico é essencial. A lei do movimento de Newton rege todas as alterações dos processos ecológicos e do equilíbrio ecológico, que podem ter efeitos benéficos ou prejudiciais. Certas espécies delicadas e vulneráveis podem extinguir-se em consequência de uma ligeira alteração da temperatura. De acordo com Rathore e Jasrai (2013), existem várias formas de as alterações climáticas afectarem a biodiversidade, incluindo alterações nos padrões de distribuição das espécies, migrações, invasões por espécies invasoras, alterações do comportamento fonológico relacionadas com as épocas de reprodução e migração e um aumento dos ataques de pragas e dos incêndios florestais. Ao designar os hotspots como reservas da biosfera, ao promover a florestação, a reflorestação e os métodos agro-florestais e ao fomentar a compreensão das interacções entre plantas, animais e biodiversidade, as autoridades devem promover a sua conservação e proteção, mantendo simultaneamente o equilíbrio do ecossistema. As estratégias de atenuação e adaptação baseadas na biodiversidade reforçarão a resiliência dos ecossistemas e evitarão danos aos ecossistemas naturais e humanos. A figura 1 mostra a ligação entre as alterações climáticas e os seus impactos na perda de biodiversidade e de ecossistemas.

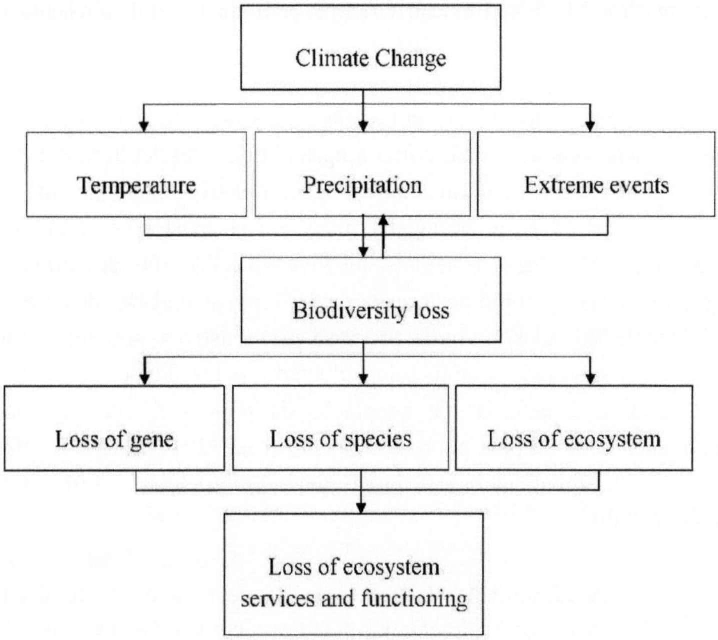

Fig 1: Relação entre as alterações climáticas e os seus impactos na perda de biodiversidade e de ecossistemas (Prakash e Srivastava, 2019)

As alterações climáticas e a Índia

Um exame dos dados dos pluviómetros relativos ao século anterior para toda a Índia revela que, embora haja uma considerável inter-decadência, a precipitação é muito baixa.

A variabilidade da quantidade de chuva recebida durante a monção de verão, não existe uma tendência discernível a longo prazo. No entanto, existem casos isolados de tendências ascendentes ou descendentes em 36 subdivisões meteorológicas da Índia. Embora não sejam estatisticamente significativas, registam-se tendências de crescimento no Noroeste da Índia, na Costa Ocidental e na Índia Peninsular. O Punjab, Bengala Ocidental e a costa de Andhra apresentam padrões de subida notáveis. Em comparação com

Chhattisgarh e Madhya Pradesh Oriental, a Índia Central apresenta uma tendência decrescente (MoEF, 2010).

Os indianos que vivem em zonas rurais dependem diretamente de indústrias sensíveis ao clima, como a agricultura, a silvicultura e a pesca, bem como de recursos naturais como a água, a biodiversidade, os mangais, as zonas costeiras e as pastagens, para a sua existência e meios de subsistência. Além disso, as pessoas que vivem nas florestas, em terra firme, como pescadores ou como pastores nómadas têm capacidades de adaptação relativamente limitadas. Na Índia, prevê-se que os sistemas socioeconómicos e todos os ecossistemas naturais sejam afectados pelas alterações climáticas. Além disso, a capacidade de adaptação da população rural indiana é severamente limitada pela pobreza. Porsché *et al.* (2011) ilustra os efeitos das alterações climáticas que se prevê que a Índia venha a sofrer entre o presente e 2100.

- A diminuição da cobertura de neve afectará os sistemas glaciares e alimentados pela neve, como o Ganges e o
- Brahmaputra. 70 % do caudal estival do Ganges provém da água de degelo.
- As monções irregulares afectarão a agricultura de sequeiro da Índia, os rios peninsulares e o abastecimento de água e de energia,
- A produção de trigo diminuirá em 4-5 milhões de toneladas, mesmo com um aumento da temperatura de apenas 1 °C.
- A subida do nível do mar provocará deslocações ao longo de uma das costas mais densamente povoadas do mundo, ameaçando também as fontes de água doce e os ecossistemas dos mangais.
- As inundações aumentarão em frequência e intensidade. Esta situação aumentará a vulnerabilidade das populações das zonas costeiras, áridas e semi-áridas do país.
- É provável que mais de 50 % das florestas da Índia sofram alterações nos tipos de floresta, o que terá um impacto negativo
- Biodiversidade associada, dinâmica climática regional e meios

de subsistência baseados em produtos florestais.

Na Índia, as áreas com precipitação induzida orograficamente - resultado da subida forçada de ar húmido sobre as encostas durante as condições activas das monções - têm geralmente as maiores bolsas de precipitação. Este tipo de precipitação intensa regista-se no nordeste da Índia e nos Ghats Ocidentais (MoEF, 2010). Além disso, uma análise do conjunto de dados diários de precipitação sobre a Índia central de 1951 a 2000, com uma fisiografia intacta, revela uma tendência notável para o aumento da frequência e intensidade de fenómenos de precipitação extremos. Simultaneamente, tem havido uma tendência para um declínio na frequência de ocorrências ligeiras (Goswami *et al.,* 2006). Esta observação leva a concluir que não existe uma tendência percetível na precipitação média sazonal, uma vez que a contribuição de mais fenómenos pesados é equilibrada por menos fenómenos moderados. No entanto, entre 1901 e 2007, registou-se uma tendência notável de aquecimento da temperatura média anual na região da Índia (MoEF, 2010). Nos anos 1971-2007 registou-se uma aceleração do aquecimento, principalmente em resultado do forte aquecimento recente nos anos 1998-2007. De acordo com os dados de 1901 a 2010, a maioria dos estados indianos registou um aquecimento de cerca de 0,1°C numa base decadal, com os estados do sul a aquecerem mais rapidamente do que as outras regiões (MoEFCC, 2015).

Extreme Heat	India is already experiencing a warming climate. It is anticipated that unusually high temperatures would occur significantly more frequently and cover far bigger areas than in the past. The west coast and southern India are expected to transition to new, high-temperature climatic regimes at 4°C warming, which would have a major

	effect on agriculture.
Changing Rainfall Patterns	A decline in monsoon rainfall since the 1950s has already been observed. The frequency of heavy rainfall and unseen rain events has also increased. The average global temperature rising by 2°C will result in a highly unpredictable summer monsoon in India. By the end of the century, a very rainy monsoon that currently only happens once every 100 years is predicted to happen every 10 years at a 4°C warming. A significant problem might be sparked by an abrupt shift in the monsoon, which would cause increased flooding and more frequent droughts in many areas of India. Rainfall may exceed average from India's northwest coast to its southeast coastal region. Wet years should be wetter and dry years should be drier.
Droughts	There is evidence that since the 1970s, there have been more droughts and drier regions in South Asia. Droughts have serious repercussions. Droughts that struck more than half of India's crop area in 1987 and 2002–2003 severely reduced crop productivity. Droughts are expected to be more frequent in some areas, especially in north-western India, Jharkhand, Orissa and Chhattisgarh. Crop yields are expected to fall significantly because of extreme heat by the 2040s.
Groundwater	More than 60% of India's agriculture is rain-fed, making the country highly

	dependent on groundwater. Even without climate change, 15% of India's groundwater resources are overexploited. Future ground water levels are difficult to estimate, but lowering water tables should be expected to continue declining due to rising water demands from an expanding population, increasingly affluent lifestyles, the services sector, and industry.
Glacier Melt	Glaciers in the northwestern Himalayas and in the Karakoram range have remained stable or even advanced. On the other hand, most Himalayan glaciers have been retreating over the past century. The stability and dependability of the Indus and Brahmaputra rivers, which are predominantly fed by glaciers in northern India, are predicted to be threatened by melting glaciers and the loss of snow cover over the Himalayas at a temperature increase of 2.5°C. Because of the monsoon season's heavy yearly rainfall downstream, the Ganges will rely less on meltwater. When the snow melts in the spring, it is anticipated that the Indus and Brahmaputra would see higher flows; the flows will then decrease in the late spring and early summer. The quantity of food that can be produced in the basins of the Indus, Ganges, and Brahmaputra rivers as well as the livelihoods of millions of people (209 million in the Indus basin and 478 million

	in the Ganges) might be greatly impacted by changes in the flows of these rivers.
Sea level rise	Mumbai has the world's largest population exposed to coastal flooding, with large parts of the city built on reclaimed land, below the high-tide mark. Rapid and unplanned urbanization further increases the risks of sea water intrusion. India's proximity to the equator means that sea levels will rise there far more quickly than they would at higher latitudes. Because the cholera bacterium survives longer in saline water, sea level rise and storm surges would cause saltwater intrusion in coastal areas, which would have an impact on agriculture, degrade groundwater quality, contaminate drinking water, and perhaps increase the number of cases of diarrhea and cholera epidemics. The heavily populated cities of Mumbai and Kolkata are especially susceptible to the effects of riverine flooding, tropical storms, and sea level rise.
Agriculture and food security	Even without climate change, world food prices are expected to increase due to growing populations and rising incomes, as well as a greater demand for biofuels. Rice: While overall rice yields have increased, rising temperatures with lower rainfall at the end of the growing season have caused a significant loss in India's rice production. Wheat: Extremely high temperatures in northern India - above 34°C - have had a

	substantial negative effect on wheat yields, and rising temperatures can only aggravate the situation. The country's food security would be in jeopardy due to seasonal water scarcity, rising temperatures, and seawater intrusion that would endanger crop output. In the near and medium future, significant yield decreases in wheat and rice can be anticipated if current trends continue. The nation may need to import more than twice as much food grain as it would need to if there was no climate change by the 2050s if temperatures rise by 2°C.
Energy Security	Climate-related impacts on water resources can undermine the two dominant forms of power generation in India - hydropower and thermal power generation - both of which depend on adequate water supplies to function effectively. A significant threat to hydropower facilities, the increased unpredictability and long-term declines in river flows also raise the possibility of physical harm from landslides, flash floods, glacial lake outbursts, and other climate-related natural disasters. The production of thermal power will be significantly threatened by temperature increases and decreases in water supply.
	Many parts of India are already experiencing water stress. Urbanization,

Water Security	population growth, economic development, and increasing demand for water from agriculture and industry are likely to aggravate the situation further. It is anticipated that some places would experience more water shortages as monsoon rainfall becomes more variable. According to studies, there is a serious threat to water security over central India, in the states to the northeast of the country, and in the Western Ghats mountain range.
Health	India's health is predicted to be significantly impacted by climate change, with the poorest people likely to suffer the most. It is anticipated that diseases like malaria and other vector-borne illnesses, as well as diarrheal infections, which are a leading cause of death among children, would move into regions where transmission was previously restricted by lower temperatures. Heat waves are predicted to cause a sharp increase in mortality and fatalities, as well as a surge in injuries from severe weather.
Migration and conflict	South Asia is a hotspot for the migration of people from disaster-affected or degraded areas to other national and international regions. The Indus and the Ganges-Brahmaputra-Meghna Basins are major trans boundary rivers, and increasing demand for water is already leading to tensions among countries over water sharing.

	Climate change impacts on agriculture and livelihoods can increase the number of climate refugees.

Quadro 1: Índia: Impactos das alterações climáticas

Impacto das alterações climáticas nos principais recursos

As alterações climáticas estão a ameaçar recursos importantes que são essenciais para a sobrevivência e o bem-estar humanos. Os seus efeitos são vastos e complexos, afectando tudo, desde os alimentos e a água até à energia e à biodiversidade. A redução do rendimento das colheitas, a escassez de água e a perda de biodiversidade resultam da perturbação dos ecossistemas, dos sistemas agrícolas e dos recursos hídricos causada pelo aumento das temperaturas, pela alteração dos padrões de precipitação e por fenómenos meteorológicos extremos. Além disso, devido ao aumento das tempestades e da subida do nível do mar, as alterações climáticas põem em perigo as comunidades costeiras e aumentam os problemas de saúde. Eis alguns dos principais recursos afectados:

- **Água**: Os padrões de precipitação são alterados pelas alterações climáticas,

  que afecta a disponibilidade e a distribuição dos recursos hídricos. O abastecimento de água doce para a indústria, a agricultura e o consumo é afetado por esta situação. Para além de agravar problemas como as secas e as inundações, as alterações nos padrões de precipitação podem também exercer uma pressão adicional sobre as infra-estruturas e os recursos hídricos.

- **Alimentação**: A redução das colheitas agrícolas e a insegurança alimentar são os factores que mais afectam a segurança alimentar.

  As alterações climáticas são o resultado da perturbação dos sistemas agrícolas devido ao aumento das temperaturas, à alteração dos padrões de precipitação e a fenómenos meteorológicos extremos. A distribuição e a incidência de doenças e pragas também são afectadas pelas alterações climáticas, o que coloca a produção alimentar num risco ainda maior.

- **Biodiversidade**: A alteração de habitats e ecossistemas devido a

  As alterações climáticas resultam em modificações dos padrões de distribuição das espécies e da biodiversidade. As temperaturas elevadas têm o potencial de perturbar os ecossistemas, levando à migração, adaptação ou extinção das espécies. Os serviços ecossistémicos que são críticos para o bem-estar humano, como a polinização, o ciclo de nutrientes e a purificação da água, são afectados pela perda de biodiversidade.

- **Energia**: As redes de produção e distribuição de energia são afectadas pelas alterações climáticas. A energia hidroelétrica é uma importante fonte de energia renovável em muitas áreas, mas a sua disponibilidade e fiabilidade podem ser afectadas por variações nos padrões de temperatura e precipitação. As condições meteorológicas adversas podem danificar as infra-estruturas energéticas e provocar cortes de eletricidade.

- **Saúde**: Através de uma série de mecanismos, como o stress térmico,

  As alterações climáticas aumentam os riscos para a saúde humana, nomeadamente devido às condições meteorológicas adversas, à poluição atmosférica e à alteração da distribuição das doenças infecciosas. A frequência e a gravidade das ondas de calor, que podem resultar em doenças relacionadas com o calor e em mortes, aumentam com o aumento das temperaturas. As variações nos padrões de temperatura e precipitação têm um impacto na transmissão de doenças transportadas por vectores, como a febre de dengue e a malária.

- **Áreas Costeiras**: As alterações climáticas estão a colocar as infra-estruturas costeiras

  A economia costeira, a biodiversidade e os assentamentos humanos são significativamente afectados pela erosão costeira, pela intrusão de água salgada nas fontes de água doce e pela perda de habitats costeiros, como mangais e recifes de coral. A economia costeira, a biodiversidade e os assentamentos humanos são significativamente afectados pela erosão costeira, pela intrusão de água salgada nas fontes de água doce e pela perda de habitats costeiros como os mangais e os recifes de coral.

São necessários esforços coordenados a nível local, nacional e internacional para enfrentar os efeitos das alterações climáticas sobre estes recursos vitais. Estes esforços devem incluir planos de adaptação para aumentar a resistência aos efeitos das alterações climáticas e técnicas de atenuação para reduzir as emissões de gases com efeito de estufa. Os governos, as empresas, as comunidades e a sociedade civil devem trabalhar em conjunto para proteger estes recursos em benefício das gerações actuais e futuras.

Prevê-se que as alterações climáticas tenham efeitos significativos sobre os recursos essenciais, bem como sobre a composição e a funcionalidade de muitos ecossistemas, com implicações para o bem-estar humano e a biodiversidade. As alterações climáticas são um fator de stress adicional que se prevê estar ligado a um maior stress nos ecossistemas e nas espécies que os compõem. Considera-se que as alterações estão a ocorrer rapidamente e que não dão às espécies tempo suficiente para reagirem ou se adaptarem às taxas previstas de alterações climáticas. Os recifes de coral, os ecossistemas árcticos, alpinos e tropicais estão entre os ecossistemas mais susceptíveis às alterações climáticas, uma vez que estas alterações são consideradas irreversíveis e, como tal, são levadas extremamente a sério no âmbito da legislação sobre biodiversidade. A utilização de conhecimentos de outros locais e nações é a base para a avaliação de uma grande parte das repercussões sobre a biodiversidade na Índia. A investigação de Ravindranath *et al.* (2003) e a avaliação dos efeitos das alterações climáticas nos ecossistemas naturais, efectuada por Sukumar (2000), suscitam preocupações no que respeita à biodiversidade, em especial às florestas. Os recifes de coral sofreram uma morte significativa ou branqueamento devido ao El Niño de 1997, que aumentou as temperaturas da superfície do mar no

Oceano Índico em vários graus (Arthur, 2000). Em comparação com os recifes mais a norte, incluindo os do Golfo de Kutch, mais bem adaptados a águas salgadas e mais quentes, os recifes ricos em espécies das regiões meridionais registaram reduções maiores.

Os conflitos entre a vida selvagem e os seres humanos ocorrerão com maior frequência e intensidade quando o El Nino e as condições de seca se intensificarem. Durante as secas extremas, os elefantes deslocaram-se dos seus habitats nativos para áreas utilizadas para habitação humana. Na década de 2050, é provável que haja uma redução geral da quantidade de escoamento disponível, com condições extremas de stress hídrico nas bacias hidrográficas ocidentais e meridionais a darem lugar a condições raras de stress hídrico nas bacias hidrográficas das regiões central e oriental (Gosain *et al.*, 2006). A modelação hidrológica de 12 bacias hidrográficas indica que, na década de 2050, haverá provavelmente inundações mais intensas e secas mais graves em diferentes partes da Índia.

Conclusão

Nos próximos 20 anos, prevê-se que as temperaturas globais aumentem 1,5°C em relação aos níveis pré-industriais, ao ritmo atual de aquecimento. Há cada vez mais provas de que os ecossistemas da Terra são mais sensíveis a pequenos aumentos de temperatura do que os cientistas pensavam anteriormente, e é consensual que devem ser tomadas medidas imediatas para manter o aquecimento global a 1,5°C e não a 2°C. Embora a investigação sobre as alterações climáticas tenha aumentado significativamente nos últimos anos, especialmente no domínio dos serviços ecossistémicos, existem ainda lacunas de conhecimento significativas. É necessária uma monitorização e investigação a longo prazo para determinar a vulnerabilidade da biodiversidade às alterações climáticas, especialmente nos biomas do centro, nordeste e noroeste da Índia, bem como nos habitats montanhosos, florestas secas, habitats xéricos, água doce e ambientes marinhos. Através da preservação dos serviços ecossistémicos de que as populações locais dependem para a sua saúde, meios de subsistência e bem-estar geral, esta investigação contribuiria para uma melhor compreensão da gestão dos ecossistemas e ajudaria a reduzir os efeitos das alterações climáticas.

Referências

Adger, W. N., Hughes, T.P., Folke, C., Carpenter, S.R. e Rockstrom, J. 2005. Social-ecological resilience to coastal disasters. *Science.* 309(5737):1036-1039.

Ainsworth, C.H. e Mumby, P.J. 2015. As mudanças de fase dos corais-algas alteram as comunidades de peixes e reduzem a produção pesqueira. *Glob Chang Biol.* 21(1):165-72.

Arthur, R. 2000. Branqueamento e mortalidade de corais em três regiões de recifes da Índia durante um evento de oscilação sul do El Niño. *Current Science.* 79(12):1723-1729.

Chang, C.R., Li, M.H. e Chang, S.D. 2007. Um estudo preliminar sobre a intensidade local das ilhas frias dos parques da cidade de Taipei. *Paisagem e Planeamento Urbano.* 80(4):386-395.

Danielsen, F., Sorensen, M.K., Olwig, M.F., Selvam, V., Parish, F., Burgess, N.D., Hiraishi, T. et al. 2005. O tsunami asiático: Um papel protetor para a vegetação costeira. *Science.* 310(5748): 643.

Dev, M. 2017. Cultura e estilo de vida indianos para a conservação do ambiente: um caminho para o desenvolvimento sustentável. *Revista Internacional de Tecnologias Emergentes.* 8(1): 256-260.

Elmqvist, T., Folke, C., Nystrom, M., Peterson, G., Bengtsson, J., Walker, B. e Norberg, J. 2003. Response diversity, ecosystem change, and resilience. *Frontiers in Ecology and the Environment.* 1(9):488-494.

Estrada, R., Griffith, A., Prim, C. e Sinn, J. 2016. *Pandemias num clima em mudança - Evolução do risco e resposta global.* Swiss Reinsurance Company Ltd, Suíça.
https://www.swissre.com/dam/jcr:552d 59b2-76c6-4626-a91a-75b0ed58927e/Pandemics_in_a_changing_

climate_Full_report_FINAL.pdf. Acedido em 12.02.2024.

Gadgil, M. 1996. Western Ghats: A lifescape. *J. Ind. Inst. Sc.* 76:595-504.

Gosain, A.K., Rao, S. e Ray, D.B. 2006. Climate change impact assessment on hydrology of Indian river basins (Avaliação do impacto das alterações climáticas na hidrologia das bacias hidrográficas indianas). *Current Science*. 90(3).

Goswami, B.N., Venugopal, V., Sengupta, D., Madhusoodanan, M.S. e Xavier, P.K. 2006. Tendência crescente de fenómenos pluviais extremos na Índia num ambiente de aquecimento. *Science*. 314(5804): 1442-1445.

Hoegh-Guldberg, O. 2011. O Impacto das Alterações Climáticas nos Ecossistemas dos Recifes de Coral. In: Dubinsky, Z. e Stambler, N. (eds.). *Coral Reefs: An Ecosystem in Transition*. Springer.

Kathiresan, K. e Rajendran, N. 2005. Coastal mangrove forests mitigated tsunami. *Estuarine, Coastal and Shelf Science*. 65(3):601-606.

Krishnan, P., Ramakrishnan, R., Saigal, S., Nagar, S., Faizi, S., Panwar, H.S., Singh, S. e Ved, N. 2012. *Conservation Across Landscapes: India's Approaches to Biodiversity Governance [Conservação entre Paisagens: Abordagens da Índia à Governação da Biodiversidade]*. Programa das Nações Unidas para o Desenvolvimento, Nova Deli, Índia.

Kumar, V. e Chopra, A.K. 2009. Impacto das alterações climáticas na biodiversidade da Índia, com especial referência à região dos Himalaias - Uma visão geral. *Jornal de Ciências Aplicadas e Naturais*. 1(1):117-122.

Malhi, Y., Roberts, J.T., Betts, R.A., Killeen, T.J., Li, W. e Nobre, C.A. 2008. Alterações climáticas, desflorestação e o destino da Amazónia. *Science*. 319(5860):169-172.

MoEF. 2010. *Alterações climáticas e a Índia: A 4x4 Assessment - A sectoral and regional analysis for (2030s)*. Ministério do Ambiente e das

Florestas, Governo da Índia, Nova Deli.

MoEF. 2011. Áreas Protegidas da Índia. Centro do Programa EIACP "Wildlife & Protected Areas Management". https://wiienvis.nic.in/Database /Protected_Area_854.aspx. Acedido em 10.02.2024.

MoEFCC. 2015. *Primeiro Relatório Bienal de Atualização para a UNFCCC*. Ministério do Ambiente, das Florestas e das Alterações Climáticas, Governo da Índia.

Munang, R., Thiaw, I., Alverson, K., Liu, J. e Han, Z. 2013. O papel dos serviços ecossistémicos na adaptação às alterações climáticas e na redução do risco de catástrofes. *Opinião atual em sustentabilidade ambiental*. 5(1): 4752.

Myers, N. 2003. Biodiversity hotspots revisited. *Bioscience* 53(10): 916917.

Patz, J., Epstein, P.R., Burke, T. e Balbus, J. 1996. Climate change and emerging diseases. *Revista da Associação Médica Americana*. 275:217-23.

Pearson, R.G. e Siller, S.J. 2022. Observed Impacts of Climate Change on Biodiversity. *Lições de Conservação*. 12(1):8-22.

Porsché, I., Kalisch, A. e Füglein, R. 2011. *Adaptação às alterações climáticas com enfoque nas zonas rurais e na Índia*. Deutsche Gesellschaft für Internationale Zusammenarbeit (GIZ) GmbH, India Project on Climate Change Adaptation in Rural Areas of India.

Prakash, S. e Srivastava, S. 2019. Impacto das alterações climáticas na biodiversidade: An Overview. *Revista Internacional de Inovações Biológicas*. 1(2):60-65.

Ranganathan, J., K.M.A. Chan, K.U. Karanth, e J.L.D. Smith. 2008. Onde é que os tigres podem persistir no futuro? Um modelo populacional à escala da paisagem e baseado na densidade para o subcontinente indiano. *Biological Conservation*. 141(1): 67-77.

Rathore A. e Jasral Y.T. 2013. Biodiversity: Importância e Impactos das alterações climáticas. *Inter. J. Sci. Res. Pub.* 3(3):1-5.

Ravindranath, N.H., Joshi, N.V., Sukumar, R., Murthy, I.K. e Suresh, H.S. 2003. In: Shukla, P.R., Subodh, K., Ravindranath, N.H., Garg, A. e Bhattacharya, S. (Eds.). 2003. *Vulnerability and adaptation to climate change in forest sector in climate change and India: Vulnerability, Assessment and Adaptation.* University's Press, Hyderabad.

Rull, V. e Vegas-Vilarrúbia, T. 2006. Perda inesperada de biodiversidade sob o aquecimento global nas terras altas neotropicais de Guayana: uma avaliação preliminar. *Global Change Biology.* 12(1):1-9.

Saha, A. 2016. Tradições culturais de conservação da natureza na Índia. *Revista Internacional de Investigação em Sociologia da Gestão e Humanidade.* 7(4):155-157.

Sukumar, R. 1989. *The Asian elephant: ecology and management.* Cambridge University Press.

Sukumar, R. 2000. Climate and ecosystem change: O que significa para a conservação da biodiversidade na Índia? *Journal of the Indian Institute of Science.* 80: 609-618.

Thompson, I., Mackey, B., McNulty, S. e Mosseler, A. 2009. *Forest resilience, biodiversity, and climate change: A synthesis of the biodiversity/resilience/stability relationship in forest ecosystems (Uma síntese da relação biodiversidade/resiliência/estabilidade nos ecossistemas florestais).* Montreal, Quebec, Canadá: Secretariado da Convenção sobre a Diversidade Biológica.

Tilman, D., Wedin, D. e Knops, J. 1996. Productivity and sustainability influenced by biodiversity in grassland ecosystems. *Nature.* 379(6567): 718-720.

Whitehead, P.G., Wilby, R.L., Battarbee, R.W., Kernan, M.e Wade, A.J. 2009. A review of the potential impacts of climate change on surface water quality. *Hydrological Sciences Journal.* 54(1):101-121.

Wilkinson, C.R. e Buddemeier, R.W. 1994. *Global Climate Change and Coral Reefs: Implications for People and Reefs*. Report of the UNEP-IOC-ASPEI-IUCN Global Task Team on the implications of climate change on coral reefs. IUCN, Gland, Suíça.

Capítulo 3: LIDAR COM AS ALTERAÇÕES CLIMÁTICAS: PLANOS DE ACÇÃO NACIONAIS

Introdução

A Índia está a gerir a ameaça global colocada pelas alterações climáticas, ao mesmo tempo que mantém a sua rápida expansão económica. A acumulação de emissões de gases com efeito de estufa na atmosfera, causadas pela atividade humana e resultantes da intensa expansão industrial a longo prazo e dos estilos de vida de elevado consumo nos países industrializados, é a fonte desta preocupação. Para além de trabalhar com a comunidade internacional para enfrentar este desafio coletivamente, a Índia precisa de uma estratégia nacional que aborde duas questões fundamentais: em primeiro lugar, a adaptação às alterações climáticas e, em segundo lugar, o aumento da sustentabilidade ecológica da trajetória de desenvolvimento do país (Prasad e Kochher, 2009). As alterações climáticas podem ter um impacto negativo no nível de vida da população da Índia, alterando a quantidade e a distribuição dos recursos naturais do país. A Índia está seriamente ameaçada pelas alterações climáticas previstas, uma vez que a sua economia depende fortemente do fornecimento de recursos naturais e é vulnerável às alterações climáticas em domínios como a silvicultura, a água e a agricultura (Muniyandi e Birundha, 2012).

A estratégia de desenvolvimento da Índia baseia-se na sua excecional dotação de recursos, no seu compromisso com o seu legado civilizacional, que coloca uma grande ênfase na preservação do equilíbrio ecológico e no avanço do crescimento económico e social, bem como na erradicação da pobreza. A Índia tem mais opções quando se trata de escolher uma via de desenvolvimento que seja amiga do ambiente, porque o país ainda está na sua fase inicial de desenvolvimento. O objetivo é estabelecer uma sociedade próspera que não seja esbanjadora, uma economia que se possa sustentar a si própria utilizando o potencial criativo dos seus cidadãos e uma consciência das obrigações para com a próxima geração, bem como para com a atual.

A Índia está a participar ativamente nos debates internacionais no âmbito da Convenção-Quadro das Nações Unidas sobre Alterações Climáticas de uma forma positiva, produtiva e virada para o futuro, reconhecendo que as alterações climáticas são uma preocupação mundial (Sengupta, 2019). O nosso objetivo é implementar uma estratégia global que seja equitativa, cooperativa e eficaz. Esta estratégia basear-se-á na CQNUAC, que defende a noção de responsabilidades e capacidades partilhadas mas distintas. Por conseguinte, a promoção de estilos de vida sustentáveis e de práticas de produção sustentáveis é a necessidade do momento. [st]As alterações climáticas são um dos desafios mais prementes do século XXI, afectando os ecossistemas, as economias e as comunidades em todo o mundo. As nações reconheceram a necessidade urgente de abordar esta questão global, o que levou ao desenvolvimento e implementação de Planos de Ação Nacionais (PAN). Estes planos definem estratégias para mitigar as emissões de gases com efeito de estufa, adaptar-se aos impactos climáticos e criar resiliência.

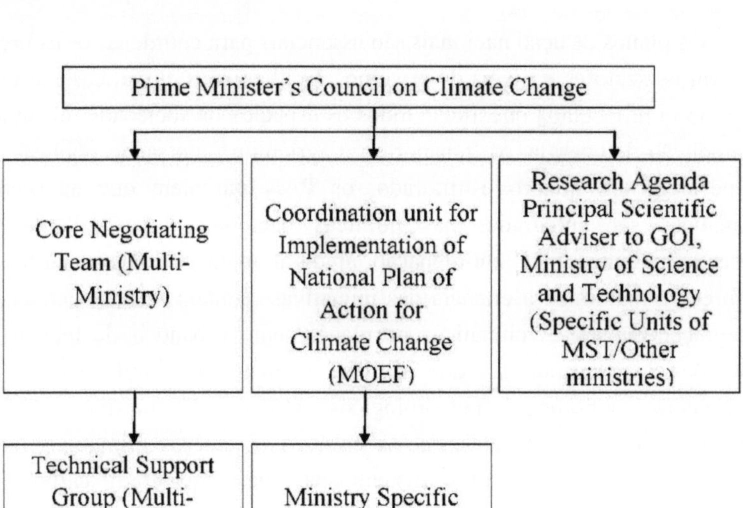

Fig 1: Arranjo institucional do Plano de Ação Nacional para as Alterações

Climáticas (NAPCC) na Índia

Importância dos planos de ação nacionais

As alterações climáticas representam uma ameaça existencial para a humanidade, afectando os ecossistemas, as economias e as comunidades a nível mundial. Em resposta a este desafio premente, as nações desenvolveram Planos de Ação Nacionais (PAN) como estratégias abrangentes para mitigar as emissões de gases com efeito de estufa, adaptar-se aos impactos climáticos e criar resiliência. Estes planos são ferramentas cruciais na luta global contra as alterações climáticas. Assim, os planos de ação nacionais são importantes na abordagem das alterações climáticas, destacando o seu papel na ação coordenada, nas estratégias adaptadas, no compromisso internacional, na atribuição de recursos e na promoção da inovação (Governo do Quénia, 2018).

Os planos de ação nacionais são essenciais para coordenar os esforços dos vários sectores e níveis de governo. As alterações climáticas são uma questão multifacetada que afecta todos os aspectos da sociedade, incluindo a produção de energia, os transportes, a agricultura e a saúde pública. Ao fornecerem um quadro estruturado, os PAN garantem que as acções climáticas são integradas nas políticas nacionais e nos planos de desenvolvimento. Esta coordenação ajuda a evitar a fragmentação de esforços e maximiza a eficácia das iniciativas climáticas. Por exemplo, a integração de acções climáticas no planeamento urbano pode reduzir as emissões dos transportes e dos edifícios, aumentando simultaneamente a resistência a fenómenos meteorológicos extremos. Do mesmo modo, o alinhamento das políticas agrícolas com os objectivos climáticos pode promover práticas agrícolas sustentáveis que sequestram carbono e melhoram a segurança alimentar. Através de uma ação coordenada, os PAN facilitam abordagens abrangentes que tratam as interacções complexas entre as alterações climáticas e os vários sectores.

Cada país enfrenta desafios climáticos únicos com base na sua geografia, economia e contexto sócio-político. Os Planos de Ação Nacionais permitem às nações desenvolver estratégias personalizadas que abordam as suas vulnerabilidades e prioridades específicas. Adaptar as estratégias às condições locais é crucial para garantir a relevância e a eficácia das acções climáticas. Por exemplo, os pequenos Estados insulares em desenvolvimento (SIDS) são particularmente vulneráveis à subida do nível do mar e a fenómenos meteorológicos extremos (UNFCCC, 2005). Os seus PAN centram-se frequentemente na proteção costeira, na redução do risco de catástrofes e no turismo sustentável. Em contrapartida, os países com grandes sectores agrícolas podem dar prioridade a práticas agrícolas inteligentes em termos climáticos para aumentar a segurança alimentar e reduzir as emissões das actividades agrícolas. Ao adaptarem as estratégias aos contextos locais, os PAN permitem que os países enfrentem eficazmente os seus desafios climáticos específicos.

Os Planos de Ação Nacionais demonstram o compromisso de um país com os acordos internacionais sobre o clima, como o Acordo de Paris. Nos termos do Acordo de Paris, os países devem apresentar e atualizar periodicamente os seus contributos determinados a nível nacional (NDC), que definem as suas metas e acções para reduzir as emissões de gases com efeito de estufa. Os PAN são fundamentais para o cumprimento desses compromissos, fornecendo planos detalhados para atingir as metas dos NDC (UNFCCC, 2015; FAO, 2022). A estrutura do Acordo de Paris enfatiza a transparência e a responsabilidade, exigindo que os países informem sobre seu progresso e atualizem seus NDCs a cada cinco anos. Os Planos de Ação Nacionais desempenham um papel crucial neste processo, garantindo que os países têm estratégias claras e accionáveis para cumprir os seus compromissos internacionais. Esta transparência promove a confiança e a colaboração entre as nações, reforçando o esforço coletivo para combater as alterações climáticas.

Uma ação climática eficaz exige recursos financeiros e técnicos significativos. Os Planos de Ação Nacionais ajudam os países a estabelecer prioridades e a atribuir recursos de forma eficiente, direccionando o financiamento e os investimentos para áreas críticas para a mitigação e adaptação às alterações climáticas (UN-Habitat, 2014). Ao identificar acções e projectos prioritários, os PAN asseguram que os recursos são utilizados eficazmente para atingir os objectivos climáticos. Por exemplo, um país pode atribuir fundos a projectos de energias renováveis, como parques solares e eólicos, para reduzir a sua dependência de combustíveis fósseis. Os investimentos em infra-estruturas, como sistemas de transporte resilientes e edifícios ecológicos, podem aumentar a resiliência climática e criar oportunidades económicas. Ao orientar a atribuição de recursos, os PAN ajudam os países a tomar decisões informadas que maximizam o impacte dos seus investimentos no clima.

Os planos de ação nacionais promovem a adoção de tecnologias e práticas inovadoras que são essenciais para enfrentar as alterações climáticas. Os progressos registados nas energias renováveis, na eficiência energética e na agricultura sustentável oferecem novas soluções para reduzir as emissões e aumentar a resiliência. Os PAN fornecem um quadro para integrar estas inovações nas estratégias climáticas nacionais. Por exemplo, o investimento em tecnologias de redes inteligentes pode melhorar a eficiência e a fiabilidade dos sistemas de eletricidade, facilitando a integração de fontes de energia renováveis. Do mesmo modo, a promoção dos veículos eléctricos e dos transportes públicos pode reduzir as emissões do sector dos transportes. Ao promover a inovação, os PAN ajudam os países na transição para economias sustentáveis e com baixas emissões de carbono.

As alterações climáticas já estão a afetar as comunidades em todo o mundo, tornando a adaptação e a criação de resiliência componentes essenciais dos Planos de Ação Nacionais. Os PAN definem estratégias para aumentar a capacidade das comunidades e dos ecossistemas para resistir e recuperar dos impactes climáticos. Isto inclui medidas como a melhoria das infra-estruturas, a proteção dos recursos naturais e o apoio às populações vulneráveis. Por exemplo, os PAN podem incluir acções para reforçar as defesas costeiras, como a construção de muros marítimos e a recuperação de mangais, para proteger contra as tempestades e a erosão. Nas regiões agrícolas, os PAN podem promover a utilização de culturas resistentes à seca e de sistemas de irrigação eficientes para garantir a segurança alimentar. Ao centrarem-se na adaptação e na resiliência, os PAN ajudam os países a prepararem-se e a responderem aos impactos inevitáveis das alterações climáticas (Makhmadaliev *et al.*, 2003).

O desenvolvimento e a implementação de Planos de Ação Nacionais envolvem o envolvimento de uma vasta gama de partes interessadas, incluindo agências governamentais, o sector privado, a sociedade civil e as comunidades locais. Esta abordagem inclusiva garante que os PAN sejam abrangentes e tenham um amplo apoio, aumentando a sua eficácia e sustentabilidade. O envolvimento das partes interessadas promove a colaboração e a partilha de conhecimentos, permitindo aos países tirar partido de diversas competências e recursos. Por exemplo, o envolvimento das comunidades locais no planeamento climático pode garantir que as acções sejam culturalmente adequadas e respondam às necessidades locais. O envolvimento do sector privado pode mobilizar investimentos e promover a inovação em soluções climáticas. Ao envolver as partes interessadas, os PAN criam um sentimento de apropriação e responsabilidade colectiva pela ação climática.

Os planos de ação nacionais são ferramentas vitais no esforço global para enfrentar as alterações climáticas. Proporcionam um quadro estruturado para uma ação coordenada, estratégias adaptadas, compromissos internacionais, atribuição de recursos e promoção da inovação. Ao reforçar a adaptação e a resiliência e ao envolver as partes interessadas, os PAN permitem que os países enfrentem eficazmente os seus desafios climáticos específicos e contribuam para os objectivos climáticos globais. Dado que os impactos das alterações climáticas continuam a intensificar-se, a importância de Planos de Ação Nacionais sólidos e bem implementados não pode ser sobrestimada. São essenciais para garantir um futuro sustentável e resiliente para todos.

Plano de ação nacional da Índia

NAPCC lançado pela Índia em 2008, que estabelece 8 missões

nacionais, a saber Missão Nacional Solar (NSM), Missão Nacional para o Aumento da Eficiência Energética (NMEEE), Missão Nacional para o Habitat Sustentável (NMSH), Missão Nacional para a Água (NWM), Missão Nacional para a Manutenção do Ecossistema dos Himalaias (NMSTHE), Missão Nacional para a Índia Verde (NMGI), Missão Nacional para uma Agricultura Sustentável (NMSA), Missão Nacional para o Conhecimento Estratégico das Alterações Climáticas (NMSKCC) (Pandve, 2009; MoEFCC, 2022). O plano de ação define uma série de medidas para fazer avançar simultaneamente os objectivos da Índia em matéria de desenvolvimento e de alterações climáticas. O Plano de Ação Nacional para as Alterações Climáticas (NAPCC) engloba uma série de medidas centradas em oito missões,

- **Missão Solar Nacional**: O objetivo final da NAPCC é tornar a energia solar competitiva em relação às fontes de energia baseadas em combustíveis fósseis, incentivando o desenvolvimento e a utilização da energia solar para a produção de eletricidade e outras aplicações. Além disso, será criado um centro de investigação solar, aumentará a cooperação internacional no desenvolvimento de tecnologias, será reforçada a capacidade de produção nacional e serão aumentados os financiamentos governamentais e estrangeiros. A Índia é um país tropical com sol abundante que dura longos períodos de tempo todos os dias. Por conseguinte, a energia solar é muito promissora como futura fonte de energia. Tem também a vantagem de permitir uma distribuição descentralizada da energia, o que dá poder aos indivíduos a nível local. Com as novas tecnologias, as células fotovoltaicas estão a tornar-se mais acessíveis. O estabelecimento de centrais de energia solar à escala de megawatts em todo o país pode ser possível graças à tecnologia mais recente, baseada em reflectores. Uma faceta adicional da Missão Solar envolveria o início de uma iniciativa significativa de investigação e desenvolvimento, utilizando potencialmente a colaboração global, para facilitar o desenvolvimento de sistemas de energia solar mais económicos e fáceis de utilizar e para promover avanços que facilitem a retenção da energia solar durante longos períodos de tempo.

- **Missão Nacional para o Aumento da Eficiência Energética**: Para além de um sistema para as empresas comercializarem certificados de poupança de energia, o NAPCC sugere a imposição de reduções específicas do consumo de energia nas indústrias que consomem muita energia. Sugere também o financiamento de parcerias público-privadas para reduzir o consumo de energia através de programas de gestão da procura nos sectores municipal, da construção e da agricultura, bem como incentivos energéticos, como a redução dos impostos sobre os aparelhos energeticamente eficientes. Para aumentar a eficiência energética, serão lançadas quatro novas iniciativas, nomeadamente
  - o Um mecanismo baseado no mercado para aumentar a relação custo-eficácia das melhorias na eficiência energética em grandes indústrias e instalações com utilização intensiva de energia, através da certificação das poupanças de energia que podem ser comercializadas.
  - o Acelerar a transição para aparelhos energeticamente eficientes em sectores designados através de medidas inovadoras para tornar os produtos mais acessíveis.
  - o Criação de mecanismos que ajudem a financiar programas de gestão da procura em todos os sectores, captando as futuras poupanças de energia.
  - o Desenvolver instrumentos fiscais para promover a eficiência energética

- **Missão Nacional para o Habitat Sustentável**: O NAPCC também visa promover a eficiência energética como uma componente essencial do planeamento urbano, alargando o Código de Construção de Conservação de Energia existente, reforçando a aplicação das normas de economia de combustível automóvel e utilizando medidas de preços para encorajar a compra de veículos eficientes e incentivos à utilização de transportes públicos. O PNAIC também dá ênfase à gestão e reciclagem de resíduos. A Missão promoverá a eficiência energética como uma componente integral do planeamento urbano e da renovação urbana através de três iniciativas.

  O Código de Construção de Conservação de Energia será alargado na sua aplicabilidade e serão oferecidos incentivos para reequipar o parque imobiliário existente. O código aborda a conceção de grandes e novos edifícios comerciais para otimizar a sua utilização de energia.

- O desenvolvimento económico ecologicamente sustentável dependerá em grande medida da reciclagem de materiais e da gestão dos resíduos urbanos. Em comparação com os países desenvolvidos, a Índia já recicla os resíduos a uma taxa muito mais elevada. O avanço da tecnologia de produção de energia a partir de resíduos será uma área de especial atenção. Um esforço significativo de I&D fará parte da Missão Nacional, com ênfase na conversão bioquímica, na utilização de águas residuais e de esgotos e nas oportunidades de reciclagem sempre que possível.
- Melhoria do planeamento urbano e mudança para os transportes públicos como modo de transporte. O desenvolvimento de planos de transporte a longo prazo ajudará as comunidades de média e pequena dimensão a expandir-se de forma a garantir transportes públicos fáceis e eficazes.

- **Missão Nacional da Água**: O PNAIC estabelece o objetivo de melhorar em 20% a eficiência da utilização da água através da fixação de preços e de outras medidas para fazer face à escassez de água resultante das alterações climáticas. A política nacional da água garante planos de gestão a nível das bacias hidrográficas para fazer face às variações dos caudais dos rios e da precipitação relacionadas com as alterações climáticas. Isto implicará um melhor armazenamento subterrâneo e à superfície, a recolha de águas pluviais e sistemas de gestão justos e eficazes. A Missão trabalhará no sentido de criar novos quadros regulamentares com direitos e custos adequados. Terá como objetivo maximizar a eficácia dos sistemas de irrigação atualmente existentes, incluindo a restauração de sistemas obsoletos, e expandir a irrigação sempre que possível, com destaque para o aumento da capacidade de armazenamento. O objetivo das estruturas de incentivo é encorajar a utilização de tecnologias neutras ou positivas em termos de água, reabastecer as reservas de água subterrânea e implementar esquemas de irrigação extensivos que utilizem sistemas de gotejamento, de cumeeira e de sulco e de aspersão.

- **Missão Nacional para a Manutenção do Ecossistema dos Himalaias**: Esta missão específica tem como objetivo evitar o degelo dos glaciares dos Himalaias e proteger a biodiversidade na região dos Himalaias. Uma vez que os Himalaias são a nascente de vários rios perenes importantes, a missão iria, entre outras coisas, analisar se e em que medida os glaciares dos Himalaias estão a recuar, bem como potenciais soluções para o problema. Para tal, serão necessários os esforços combinados de glaciologistas, climatologistas e outros especialistas. Será necessária a partilha de informações entre as nações do Sul da Ásia e as que partilham o ecossistema dos Himalaias. Está também prevista a criação de uma rede de observação e monitorização destinada a avaliar os recursos de água doce e a saúde do ecossistema na região dos Himalaias. A fim de tornar a cobertura da rede tão abrangente quanto possível, será prosseguida a cooperação com as nações vizinhas. Existem 51 milhões de agricultores de montanha no ecossistema dos Himalaias e, à medida que as alterações climáticas avançam, prevê-se que a sua suscetibilidade aumente. A promoção da gestão comunitária destes ecossistemas implicará a concessão de incentivos aos panchayats e às organizações comunitárias para a preservação e melhoria das áreas arborizadas. Nas zonas montanhosas, o objetivo será manter dois terços do território coberto por florestas, a fim de travar a erosão e a degradação dos solos e manter a estabilidade do delicado ecossistema.

- **Missão Índia Verde**: A NAPCC também tem como objetivo a florestação de 6 milhões de hectares de terras florestais degradadas e a expansão da cobertura florestal de 23 para 33% do território da Índia. Através da campanha "Índia Verde", está planeada a florestação de 6 milhões de hectares. A atual percentagem de terras cobertas por florestas é de 23%, em comparação com o objetivo nacional de 33%. Sob a direção dos Departamentos de Florestas dos governos estaduais, as comunidades assumiriam a Missão da Índia Verde em terras florestais degradadas através de acções directas, coordenadas por Comités Mistos de Gestão Florestal. Para o arranque do programa, foi criada a Autoridade de Gestão e Planeamento da Florestação Compensatória (CAMPA). A iniciativa será alargada a toda a restante área florestal degradada. A estrutura institucional permite aumentar a atividade, mobilizando mais dinheiro através do corpus.

- **Missão Nacional para a Agricultura Sustentável**: A NAPCC tem por objetivo apoiar a adaptação às alterações climáticas na agricultura através do desenvolvimento de culturas resistentes ao clima, da expansão dos mecanismos de seguro contra as condições meteorológicas e das práticas agrícolas. Os nossos sistemas de investigação agrícola têm de ser criados para monitorizar, avaliar e sugerir alterações nas práticas agrícolas em resposta às alterações climáticas previstas. A agricultura terá de se adaptar gradualmente a estas alterações. A convergência e a integração da biotecnologia, das tecnologias da informação, das tecnologias geoespaciais e dos sistemas tradicionais de conhecimento e de práticas permitirão fazê-lo. Será necessário criar novos sistemas de seguros e de crédito para incentivar a adoção dos comportamentos pretendidos. O objetivo seria aumentar a produção da agricultura de sequeiro. A Índia assumirá a liderança nas iniciativas globais destinadas a realizar uma revolução verde que seja sustentável do ponto de vista ambiental.

- **Missão Nacional de Conhecimentos Estratégicos para as Alterações Climáticas**: Para compreender melhor a ciência, os impactos e os desafios do clima, o plano prevê um novo Fundo de Investigação em Ciências Climáticas, uma melhor modelação do clima e uma maior colaboração internacional. Incentiva também as iniciativas do sector privado para desenvolver tecnologias de adaptação e atenuação através de fundos de capital de risco. Os efeitos socioeconómicos das alterações climáticas, tais como os seus efeitos na saúde, na demografia, nos padrões migratórios e no modo de vida das comunidades costeiras, serão também abrangidos pela agenda de investigação da Missão. Além disso, a missão incentivará a criação de departamentos académicos em rede dedicados ao estudo das alterações climáticas em universidades e outras instalações de investigação académica e científica em todo o país. No âmbito da missão, seria criado um fundo para a investigação em ciências climáticas para prestar assistência à investigação. Os fundos de capital de risco apoiariam os esforços do sector privado para criar tecnologia de ponta para a adaptação e a atenuação. Através de centros designados, seria efectuada investigação para apoiar a política e a implementação. A Missão dará prioridade à partilha de novos conhecimentos derivados das descobertas da investigação.

Estas oito missões nacionais, que constituem o núcleo do Plano de Ação Nacional, representam estratégias multifacetadas, de longo prazo e integradas para atingir objectivos fundamentais no contexto das alterações climáticas. Embora vários destes programas já façam parte das acções actuais, podem necessitar de uma mudança de direção, de um reforço do âmbito e da eficácia e de uma implementação acelerada de planos calendarizados. O PANCC assenta no desenvolvimento e na utilização de novas tecnologias. A execução do plano será feita através de mecanismos institucionais adequados para a realização eficaz dos objectivos de cada missão e incluirá parcerias público-privadas e acções da sociedade civil. O PANCC descreve igualmente outras iniciativas em curso, que são as seguintes

- Produção de eletricidade: O governo está a incentivar o estudo e o desenvolvimento de tecnologias supercríticas e de ciclo combinado de gaseificação integrada (IGCC), para além de exigir a retirada de centrais eléctricas a carvão ineficientes.
- Energia renovável: A Lei da Eletricidade de 2003 e a Política Tarifária Nacional de 2006 exigem que as comissões reguladoras nacionais e estatais da eletricidade comprem uma percentagem específica de energia da rede a partir de fontes renováveis.
- Eficiência energética: As grandes empresas consumidoras de energia devem efetuar auditorias energéticas em conformidade com a Lei da Conservação da Energia de 2001, tendo sido implementado um programa de rotulagem energética dos aparelhos.

- Propostas para o sector da saúde: As duas componentes principais do programa proposto são a avaliação do aumento do peso das doenças resultantes das alterações climáticas e a prestação de melhores serviços de saúde pública.

- Implementação: O Conselho do Primeiro-Ministro para as Alterações Climáticas receberá os objectivos, os planos de implementação, os calendários e as normas de monitorização e avaliação que os ministérios responsáveis por cada uma das missões devem criar. O Conselho será também responsável por monitorizar e informar regularmente sobre o progresso de cada missão. Serão criadas métricas e técnicas adequadas para avaliar as vantagens da adaptação, bem como as emissões poupadas, a fim de quantificar os progressos.

A Índia pode crescer de forma diferente, de acordo com o NAPCC, porque ainda está na sua fase inicial de desenvolvimento (Deshpande *et al.*, 2023). Por outras palavras, ao ser única e utilizar tecnologia de ponta e em desenvolvimento, pode acelerar a transição para uma economia de baixo carbono. Além disso, coloca a ação nacional em primeiro lugar ao delinear oito missões, desde a investigação solar à investigação climática, que serão examinadas em profundidade. O plano, no entanto, fica aquém da forma como a Índia encara o resto do mundo neste momento sem precedentes. Uma questão mundial é a das alterações climáticas, em que a contribuição nacional para as emissões globais é mínima.

O NAPCC é importante por várias razões:

- Quadro abrangente: Ao abordar as múltiplas dimensões das alterações climáticas através das suas oito missões, o PANAC proporciona uma abordagem holística da ação climática. Integra estratégias de atenuação e adaptação, assegurando que a ação climática seja incorporada em vários sectores da economia.
- Foco nas energias renováveis: A ênfase na energia solar e na eficiência energética está em sintonia com as tendências mundiais de transição para as energias limpas. A Missão Solar Nacional, em particular, posicionou a Índia como líder no domínio das energias renováveis, atraindo investimentos e promovendo os avanços tecnológicos.

- Adaptação aos impactos climáticos: Ao centrar-se na gestão dos recursos hídricos, na agricultura e nos ecossistemas, o PNAIC aborda a necessidade de adaptação em sectores-chave vulneráveis. Isto é crucial para aumentar a resistência das comunidades e dos ecossistemas às alterações climáticas.
- Promoção de práticas sustentáveis: O NAPCC incentiva práticas sustentáveis no planeamento urbano, na agricultura e na gestão de recursos. Isto não só ajuda a mitigar os impactos climáticos, como também promove a sustentabilidade a longo prazo e a conservação dos recursos.
- Conhecimento e desenvolvimento de capacidades: Através da Missão Nacional de Conhecimento Estratégico para as Alterações Climáticas, o PNAIC sublinha a importância da investigação, da recolha de dados e do reforço das capacidades. Isto é essencial para a tomada de decisões informadas e a aplicação efectiva das políticas.

A Índia é particularmente suscetível aos efeitos das alterações climáticas, pelo que é imperativo tomar medidas importantes para aumentar a resistência ao clima e apoiar a adaptação das comunidades. Foram lançadas numerosas iniciativas em várias regiões da Índia, frequentemente em colaboração com instituições financeiras regionais e Organizações Não Governamentais (ONG) baseadas na comunidade que ajudam na execução dos projectos. A indústria indiana também está a promover o desenvolvimento de infra-estruturas nacionais e meios de subsistência sustentáveis através dos seus programas de RSE e de outros esforços. Compreendendo o papel crucial que os actores não-estatais devem desempenhar na determinação da resposta da Índia às alterações climáticas, o governo indiano está a avançar para a criação de um processo consultivo e inclusivo em que todas as comunidades, ONG e indústria são convidadas a participar. A Índia está a finalizar as suas Contribuições Pretendidas Determinadas a Nível Nacional (INDC) em matéria de financiamento, tecnologia, atenuação, adaptação e reforço das capacidades. O INDC previu a necessidade de transferências de apoio financeiro e tecnológico, entre outras coisas. A Índia também definiu as suas obrigações internas para cumprir os requisitos fundamentais de desenvolvimento e alcançar padrões de vida mínimos para a sua população.

A necessidade de um programa nacional abrangente para lidar com as alterações climáticas foi a força motriz por detrás da criação do NAPCC, devido às alterações no clima nacional e global. Foi criado antes da importante Cimeira de Copenhaga para demonstrar o empenho da Índia no combate às alterações climáticas. Após a criação da NAPCC em 2008, foi utilizada uma quantidade significativa de mecanismos burocráticos para criar missões e lançá-las formalmente. Apesar de a NAPCC existir há quase dez anos, a investigação indica que a maioria das suas missões só está em funcionamento há três ou quatro anos. É de notar que as realizações das missões têm de ser feitas ao nível do terreno, o que requer estruturas e instituições descentralizadas funcionais e eficientes ao nível dos estados, distritos e aldeias. Os Estados e as estruturas sub-estatais também necessitam de orientação metodológica para preparar planos de ação, juntamente com a criação de estruturas e agências de implementação, bem como de apoio monetário e tecnológico.

At the National Level	The primary goal of the Prime Minister's Council on Climate Change (PMCCC), a high-level advisory group established by the Central Government in 2007, is to facilitate multi-sectoral climate planning, coordination, and monitoring (UNDP, 2015 and PIB, 2014). However, once the NAPCC was established, the Ministry of Environment, Forests, and Climate Change progressively took over as the organization responsible for coordinating the national level climate response, replacing the PMCCC. Under the PMCCC's auspices, the other relevant line ministries linked to the sectors covered in the NAPCC function as the nodal ministries. The MoEFCC is responsible for managing the Indian Network for Climate Change Assessment (INCCA), developing and communicating the Nationally Determined Contributions (NDCs), evolving and implementing

	the Clean Development Mechanism (CDM), and serving as the operational agency for the National Adaptation Fund on Climate Change (NAFCC). In addition, the Environment Secretary chaired the establishment of the National Steering Committee on Climate Change (NSCCC) in 2011 to guarantee that the SAPCCs were developed and executed in compliance with the NAPCC (UNDP, 2015). The Ministry of Finance (MoF) serves as the nodal agency for climate finance (PIB, 2014), and the National Bank for Agricultural and Rural Development (NABARD) serves as the National Implementing Entity for the Adaptation Fund under the United Nations Framework Convention on Climate Change (UNFCCC) (UNDP, 2015). Despite the fact that seven national government line ministries streamline the implementation of the NAPCC missions.
At the State Level	Sub-national players are becoming increasingly important in multi-sectoral climate action within the framework of the federal governance structure. State action plans on climate change (SAPCC) serve as the roadmaps for subnational climate action, coordinating state-level initiatives and programs with global climate targets. States differ greatly, meanwhile, in how they approach climate policy. Gujarat, for instance, was the first state to establish a department dedicated to climate change. States vary in their institutional responsibilities and procedures for climate policy, which may also have an impact on their objectives and methods for addressing climate change. The development priorities of SAPCCs, their susceptibility to climate change, and the financial benefits of mitigation are further

	variables influencing their diversity (Kumar, 2018). The Indian states have created and started executing their own state action plans on climate change.
At the Local Level	Local governments in different states have heterogeneous mandates depending on the extent to which state governments have devolved governance to local governments. Moreover, the degree of autonomy given to local governments differs across sectors (Kumar, 2018) For example, in West Bengal, municipal bodies have been given significant autonomy in pursuing low carbon strategies for waste management. However, there are other sectors such as energy where local bodies lack autonomy to promote sustainability (MEA, 2020). In the case of Rajkot in Gujarat, the local government played a key role in integrating climate change into the urban development process (Gouldson *et al.*, 2016). In order to incorporate rainwater harvesting, lighting and ventilation, and passive cooling into its building design requirements, the city municipal corporation sought advice from both domestic and foreign architects (Kumar, 2018). Therefore, local governments in India lack a cohesive strategy for climate governance, and state policy mostly determines their level of participation.
At the Stakeholder Level (nonstate actors)	The most active and energetic group of participants in India addressing climate adaptation and mitigation are civil society organizations. They have played a key role in leading the nation's climate policies and directing India's economic transition to a low-carbon one. The CSOs' financing from bilateral and multilateral donor organizations have made this possible. Sadly, though, they primarily operate in isolation. The private sector and other

	non-state entities are comparable in this regard. The least proactive institutions in India when it comes to climate change include financial, educational, and research institutions.

Quadro 1: Quadro institucional da governação climática

Aldeias climaticamente inteligentes (CSV) na Índia

Investigadores de organizações nacionais e internacionais, cooperativas de agricultores, governo local, líderes comunitários, organizações do sector privado e importantes planeadores de políticas colaboram em aldeias climaticamente inteligentes para determinar quais as intervenções agrícolas climaticamente inteligentes mais adequadas para enfrentar os desafios climáticos que o sector agrícola da aldeia enfrenta. Procura melhorar o cumprimento dos objectivos nacionais de desenvolvimento e segurança alimentar. O CSV utiliza uma variedade de intervenções para abordar todos os aspectos das operações agrícolas. As Práticas Agrícolas Climaticamente Inteligentes (PACS) incluem práticas inteligentes em termos de água (recolha de águas pluviais, nivelamento de terras a laser, micro-irrigação, plantação de canteiros elevados, diversificação de culturas, humedecimento e secagem alternados no arroz e arroz de sementeira direta), actividades inteligentes em termos meteorológicos (serviços agro-meteorológicos baseados nas TIC, seguros baseados em índices, culturas e variedades tolerantes ao stress), práticas inteligentes em termos de nutrientes (aplicação de fertilizantes de precisão utilizando as ferramentas de apoio à decisão Nutrient Expert, GreenSeeker e Leaf Color Chart, gestão de resíduos, culturas intercalares de leguminosas), carbono e energia inteligentes (lavoura zero, gestão de resíduos, leguminosas) e actividades inteligentes em termos de conhecimentos (aprendizagem entre agricultores, reforço das capacidades em matéria de agricultura inteligente face ao clima, bancos de sementes comunitários e cooperativas).

Os CSVs foram inicialmente testados em 3 estados da Índia: Punjab,

Haryana e Bihar. Nestes estados, foram recolhidos dados específicos dos distritos para identificar os potenciais riscos climáticos, a perceção dos agricultores para fazer face a esses riscos e as potenciais intervenções de agricultura inteligente face ao clima (AEC). As principais áreas de incidência das CSV são: a participação de várias partes interessadas e a adaptação local, a convergência de investimentos com benefícios conexos, a atenção aos jovens, às mulheres e aos grupos socialmente desfavorecidos e os sistemas de inovação, como as cooperativas de agricultores e os balcões de atendimento. O estado de Bihar é o local de vários programas-piloto do governo e de organizações internacionais. Atualmente, 31 CSV estão a ser pilotados nos distritos de Vaishali e Samastipur, no estado de Bihar. Estas CSVs encontram-se nos blocos de Rajapaker, Hajipur, Mahua e Pusa. A carteira de investigação do CIMMYT-CCAFS para o Sul da Ásia envidou esforços significativos para desenvolver, adaptar, direcionar e aumentar as carteiras de CSAPs e documentar as provas.

Conclusão

Os planos de ação nacionais são instrumentos essenciais na luta internacional contra as alterações climáticas. Os PAN ajudam as nações a abordar as suas preocupações climáticas específicas e a ter um impacto positivo nos objectivos climáticos globais, oferecendo um quadro organizado para uma ação coordenada, estratégias personalizadas e atribuição de recursos. Os PAN são essenciais para uma ação climática bem sucedida devido às possibilidades de apoio global, criatividade e cooperação, apesar dos obstáculos. A importância de Planos de Ação Nacionais fortes e bem executados não pode ser enfatizada à medida que os efeitos das alterações climáticas se agravam. O Plano de Ação Nacional para as Alterações Climáticas oferece uma solução completa e bem pensada para os vários problemas que as alterações climáticas apresentam. O PANCC procura cumprir os objectivos nacionais e internacionais em matéria de clima, incentivar o desenvolvimento sustentável e diminuir a vulnerabilidade através da combinação de iniciativas de atenuação e adaptação em vários sectores. Apesar das dificuldades actuais de implementação e mobilização de recursos, a NAPCC oferece enormes oportunidades de criatividade, cooperação e envolvimento da comunidade. O Quadro de Política Não Agrícola e Alterações Climáticas (NAPCC) é uma ferramenta essencial para orientar a Índia através dos desafios colocados pelas alterações climáticas e para um futuro resiliente e sustentável. Assim, o NAPCC define políticas que promovem os objectivos de desenvolvimento e proporcionam vantagens adicionais para combater com êxito as alterações climáticas. Estabelece várias medidas para promover simultaneamente a trajetória de crescimento da Índia e a adaptação e atenuação dos objectivos relacionados com as alterações climáticas.

Referências

Byravan, S. e Rajan, S.C. 2012. *An evaluation of India's national action plan on climate change.* Centro de Financiamento do Desenvolvimento (CDF), IFMR e Ciências Humanas e Sociais, IIT Madras. https://shakti foundation.in/wp-content/uploads/2014/02/napcc%20evaluation%20 report_july%2020%202012.pdf. Acedido em 10.05.2024.

Deshpande, T., Mukherji, R. e Sastry, M. 2023. Policy styles and India's national action plan on climate change (NAPCC). *Estudos de Política.* 1:18. https://doi.org/10.1080/01442872.2023.2261388.

FAO. 2022. *Governação do PAN e do NDC.* Organização das Nações Unidas para a Alimentação e a Agricultura, Programa das Nações Unidas para o Desenvolvimento, Iniciativa Internacional para o Clima (IKI) e Ministério Federal da Economia e da Ação Climática da Alemanha (BMWK).

Gouldson, A., Colenbrander, S., Sudmant, A., Papargyropoulou, E., Kerr, N., McAnulla, F. e Hall, s. 2016. As cidades e a mitigação das alterações climáticas: Oportunidades económicas e desafios de governação na Ásia. *Cidades.* 54:11-19.

Governo do Quénia. 2018. *Plano de Ação Nacional para as Alterações Climáticas 20182022.* Ministério do Ambiente e das Florestas,

Nairobi.

Kumar, V. 2018. *Coping with Climate Change: An Analysis of India's State Action Plans on Climate Change [Análise dos planos de ação estatais da Índia em matéria de alterações climáticas]*. Centro para a Ciência e o Ambiente, Nova Deli.

Makhmadaliev, B., Novikov, V., Kayumov, A., Karimov, U. e Perdomo, M. 2003. *National Action Plan of the Republic of Tajikistan for Climate Change Mitigation (Plano de ação nacional da República do Tajiquistão para a atenuação das alterações climáticas)*. Ministério da Proteção da Natureza da República do Tajiquistão.

MEA. 2020. *Política de alterações climáticas da Índia: Rumo a um futuro melhor.* Saran S., Ministério dos Negócios Estrangeiros, Governo da Índia, 8 de novembro de 2020.https://mea.gov.in/articles-in-indianmedia.htm?dtl/ 32018/Indias _Climate _Change_Policy_Towards_a_Better_Future.

MoEFCC. 2022. *Plano de Ação Nacional para as Alterações Climáticas.* Ministério do Ambiente, das Florestas e das Alterações Climáticas. https://moef.gov.in/wp- content/uploads/2022/03/National-Action-Plan-on-Climate-Change. pdf. Acedido em 10.05.2024.

Muniyandi, B. e Birundha, V. 2012. Alterações climáticas e o seu impacto na Índia. *Jornal de Ciências Ambientais da IUP.* VI(1):31-46.

Pandve, H.T. 2009. India's National Action Plan on Climate Change [Plano de Ação Nacional da Índia para as Alterações Climáticas]. *Indian J. Occup. Environ. Med.* 13(1):17-19.

PIB. 2014. Governo reconstitui o Conselho do Primeiro-Ministro para as Alterações Climáticas, Gabinete de Informação à Imprensa, 5 de novembro de 2014. https://pib.gov.in/newsite/printrelease.aspx?relid=111090.

Prasad, H.A.C. e Kochher, J.S. 2009. *Climate Change and IndiaSome Major Issues and Policy Implications [Alterações Climáticas e Índia -*

Algumas Questões Importantes e Implicações Políticas]. Departamento de Assuntos Económicos, Ministério das Finanças, Governo da Índia.

Sengupta, S. 2019. O envolvimento da Índia nas negociações globais sobre o clima, do Rio a Paris. In: Dubash, N.K. (Rd.). *India in a Warming World (Índia num mundo em aquecimento).* Oxford University Press.

PNUD. 2015. Market Transformation and Removal of Barriers for Effective Implementation of the State-Level Climate Change Action Plans. https://www.undp.org/india/projects/market-transformation-andremoval-barriers-effective-implementation-state-level-climate-change-action-plans. Acedido em 10.05.2024.

UNFCCC. 2005. Alterações climáticas, pequenos Estados insulares em desenvolvimento. Publicado pelo Secretariado das Alterações Climáticas (UNFCCC), Bona, Alemanha.

UNFCCC. 2015. *Acordo de Paris.* https://unfccc.int/sites/default/files/english_paris_agreement.pdf. Acedido em 10.05.2024.

ONU-Habitat. 2014. *Série de Ferramentas da Iniciativa Cidades e Mudanças Climáticas: Uma Abordagem Estratégica e Baseada em Valores para Planeadores Urbanos*. Programa das Nações Unidas para os Assentamentos Humanos (UN-Habitat). https://www.uncclearn.org/wp-content/uploads/library/planningfor_climate_change.pdf. Acedido em 10.05.2024.

Capítulo 4: LIDAR COM AS ALTERAÇÕES CLIMÁTICAS: PLANOS DE ACÇÃO ESTATAIS DA ÍNDIA

Introdução

A Índia iniciou o maior esforço de planeamento subnacional do mundo em matéria de alterações climáticas. Todos os estados e territórios da união estão a preparar Planos de Ação Estaduais para as Alterações Climáticas (SAPCC), ou já os concluíram. A tónica deve agora ser colocada na forma de facilitar a aplicação destes planos, apesar de algumas preocupações legítimas quanto à sua legitimidade e qualidade. Questões globais como as alterações climáticas exigem respostas regionais. Os planos de ação a nível estatal são essenciais para resolver com êxito as diferentes preocupações relacionadas com o clima enfrentadas pelas várias regiões de um país tão diverso e vasto como a Índia. Os Planos de Ação Estaduais para as Alterações Climáticas (SAPCC) na Índia oferecem aos governos estaduais um quadro para incorporar as questões climáticas nas suas agendas de desenvolvimento, garantindo assim um crescimento resiliente e sustentável (Kumar, 2018).

Os planos de ação específicos do Estado, conhecidos como SAPCC, fornecem um quadro para enfrentar as consequências das alterações climáticas. Os planos, que descrevem as vulnerabilidades específicas do Estado a um clima em mudança e a estratégia do governo estatal para se adaptar aos efeitos presentes e futuros, têm um formato consistente (Dubash, 2011). Poucos estados realizaram avaliações de vulnerabilidade exaustivas relacionadas com as alterações climáticas e a maioria dependeu, em vez disso, de estudos a nível nacional ou de estudos sectoriais limitados que descrevem os efeitos das alterações climáticas tal como são agora e como se prevê que venham a ser. De acordo com as instruções do governo nacional, a maioria dos SAPCCs centra-se sobretudo na adaptação, dedicando apenas uma pequena atenção à mitigação das emissões de gases com efeito de estufa

(GEE). No entanto, alguns SAPCCs também incluem um inventário de GEE e investigam as possibilidades de energias renováveis e outras tecnologias limpas (CPR, 2013). Os planos incluem as estratégias do Estado para vários sectores, juntamente com as acções sugeridas e, em certas situações, um orçamento e um calendário para cada uma delas. Frequentemente, concentram-se em áreas como a agricultura, a água, os transportes, a energia, as indústrias, o desenvolvimento urbano e a floresta, que são cruciais para a economia e o modo de vida locais. Nos casos em que foram determinadas medidas específicas, estas são, no máximo, acompanhadas de um calendário aproximado e de uma estimativa do custo global.

Os planos de ação para as alterações climáticas foram tratados de forma semelhante aos planos de ação para o desenvolvimento sustentável em várias jurisdições. A abordagem padrão de um amplo planeamento da sustentabilidade resultou de uma série de factores, incluindo um baixo conhecimento inicial sobre as alterações climáticas em alguns Estados, a falta de um quadro concetual para ligar a sustentabilidade às alterações climáticas, o acesso limitado a projecções climáticas adequadas a nível estatal e, em alguns casos, restrições de tempo. Apesar de as alterações climáticas serem frequentemente apenas um conceito vago, existe uma maior motivação para enfrentar os desafios específicos do desenvolvimento sustentável local, o que também é suscetível de aumentar o apoio político à ação.

Como a sustentabilidade e a resiliência climática têm muito em comum, os planos estatais para as alterações climáticas são vistos como uma "porta de entrada" para questões de desenvolvimento sustentável de longa data (Dubash e Jogesh, 2014). No entanto, se os efeitos das alterações climáticas não forem tidos em conta, o conhecimento sobre o desenvolvimento sustentável é insuficiente. Por exemplo, a subida do nível do mar afecta o desenvolvimento das infra-estruturas costeiras e as variações nas tendências futuras da precipitação afectam o curso do desenvolvimento da energia hidroelétrica. O desenvolvimento sustentável pode ser afetado até mesmo pelas tentativas de atenuar as alterações climáticas, como se vê nos efeitos da energia produzida a partir da biomassa na utilização dos solos. As limitações na fase de planeamento contribuem para o enquadramento incompleto do desenvolvimento sustentável no contexto das alterações climáticas.

O facto de os planos estatais não conseguirem atualizar o desenvolvimento sustentável de modo a incluir a resiliência climática deve-se sobretudo à utilização insuficiente dos conhecimentos científicos pertinentes sobre as alterações climáticas, o que se deve principalmente a questões de acesso. Em 2010, um relatório da Rede Indiana de Avaliação das Alterações Climáticas (INCCA) apresentou tendências para quatro regiões e sectores sensíveis ao clima na Índia (MoEF, 2010). Embora muitos planos incluam uma secção sobre tendências e projecções climáticas baseadas na investigação regional disponível, esta informação foi frequentemente retirada deste relatório.

Todos os Estados efectuaram uma avaliação da vulnerabilidade (VA), mas a sua eficácia foi limitada pela falta de previsões climáticas adequadas a nível regional e de capacidade científica adequada. A ação climática nacional e internacional e o cenário político evoluíram desde a formulação das SAPCCs. O Acordo de Paris foi celebrado em 2015 com o objetivo de limitar a temperatura média global a 2 graus e de trabalhar para limitar a 1,5 graus. A Índia apresentou os seus objectivos de Contribuições Nacionalmente Determinadas (NDC) para o período pós-2020, com oito objectivos diferentes, incluindo três grandes objectivos quantificáveis relacionados com a redução das emissões, as energias renováveis e a silvicultura (TERI, 2018). Ao longo dos anos, a Índia tem seguido políticas e regimes nacionais importantes em áreas de mitigação das alterações climáticas e acções de adaptação, particularmente nos domínios da energia limpa e renovável, do aumento da eficiência energética, do desenvolvimento de um desenvolvimento urbano menos intensivo em carbono e resiliente, da promoção de resíduos para a riqueza, de veículos eléctricos, etc. O quadro 1 apresenta o Plano de Ação Local de Adaptação (LAPA) a nível nacional e a sua relação com o NAPCC.

State	Date	Focus on Eight Missions stated in NAPCC	LAPA
Andaman and Nicobar	2013	• Sustainable habitat mission • Sustainable water mission • Sustainable agriculture • Green India • Sustaining island ecosystem	No discussion about LAPA but includes local communities and lays emphasis on community based adaptation to CC for quick response

Andhra Pradesh	2012	• Mission for sustainable agriculture • Coastal zone management • Forestry and biodiversity • Energy • Industries (including mining) • Transportation • Health • Urban development • Tourism • Rural development • Research in CC	
Arunachal	2011	• Water • Sustainable agriculture • Green India (forest and horticulture) • Solar • Energy efficiency • Sustainable habitat (urban transport, solid • waste management, rural developments, • disaster management, road) • Tourism	Acknowledges need of LAPA
Assam	2012	• Sustainable livelihood • Natural disaster and	Community level engagement for governance and

		crisis management • Health • Urban planning • Energy sufficiency and efficiency • Bio-resource protection and sustainable • management of forest and wildlife	capacity building
Bihar	2012	• Sustainable agriculture • Forests and biodiversity • Water resources • Sustainable habitat (disaster management, • urban development, transport, human health) • Energy efficiency • Industries and mining (solar, energy, • agriculture and water)	Specifies partnership and collaborative arrangements with Panchayat Raj Department to develop LAPA at the Panchayat level for implementation of SAPCC for addressing poverty, livelihood and equity concerns
Chhattisgarh	2013	• Agriculture and allied sectors • Forest and biodiversity • Water resources • Water resources • Urban development • Transport	Specifies partnership and collaborative arrangements with Panchayat Raj Department to develop LAPA at the panchayat level for implementation

		• Energy • Industries and mining • Human health	of SAPCC for addressing poverty, livelihood and equity concerns
Delhi	2009-2012	All 7 missions except sustaining Himalayan ecosystem	Acknowledge the need for local and community level adaptation
Goa	--	• Sustainable agriculture • Solar energy • Enhance energy efficiency • Water • Costal biodiversity conservation, forest • protection for livelihood of traditional inhabitants and local communities	Partially mentioned about need for local community participation
Gujarat	2010-2011	All missions except Sustaining Himalayan Ecosystem	Community participation acknowledged
Haryana	2011	• Forest (Green India Mission) • Agriculture • Energy • Solar • Water • Rural development • Health sector	Stress on involvement of local bodies and communities for implementation of SAPCC but does not have specific LAPA
Himachal Pradesh	2012	• Agriculture and allied sectors	Involvement of grass root level institutions for

		• Greening Himachal Pradesh • Water resources • Solar • Energy • Sustainable development • Programme for rural and urban areas • Sustaining Himalayan ecosystem • Strategic knowledge for CC towards carbon smart growth	implementation of plans
Jammu & Kashmir	--	• Sustainable energy (solar and renewable energy) • Enhanced energy efficiency • Sustainable habitat (health, disaster management) • Green India • Water • Sustainable agriculture • Tourism • Sustainable Himalayan ecosystem • Health • Disaster management	Neither LAPA nor local governing bodies have been mentioned in the report
Jharkhand	2014	• Agriculture • Forest	Neither LAPA nor local governing

		• Health • Industry • Mining • Power • Urban and transport • Water	bodies have been mentioned in the report
Karnataka	2013	• Agriculture • Water • Forestry, Biodiversity and wildlife • Coastal zone • Energy (solar and energy efficiency) • Urbanization • Human health	LAPA not well mentioned
Kerala	2011	All the missions in NAPCC are addressed	Need for local adaptation acknowledged
Lakshadweep	2012	• Solar • Enhanced energy efficiency • Sustainable habitat • Water • Green India • Sustainable agriculture • Strategic knowledge on CC	Involvement of local communities and local institution of village in decision making and implementation
Madhya Pradesh	2014	• Forest and biodiversity • Water • Agriculture and allied sector • Human health • Urban administration	Clearly specifies preparation and implementation of gender centric LAPA through Panchayat Raj

		and transport • Energy (solar and renewable) • Industries • Rural development • Environment	Institutions (PRIs) for rural development
Manipur	2013	• Ecosystem, biodiversity and livelihood sustainability • Water • Sustainable agriculture practices • Health • Forest resources • Enhanced energy efficiency • Urban planning and sustainable habitat • Climate change strategic knowledge and information	Involvement of local communities for implementation
Meghalaya	--	Covers all eight mission	LAPA not mentioned
Mizoram	2012	• Sustainable agriculture • Sustainable Himalayan ecosystem • Green India • Sustainable habitat • Health • Solar and renewable energy • Energy efficiency	Highlights role of local bodies for building appropriate knowledge in relevant institutions for effective adaptation and mitigation actions

		• Water • Strategic knowledge on CC	
Nagaland	2012	• Water • Energy (solar and alternative energy) • Green India • Agriculture • Forest and biodiversity	Emphasis on need of LAPA
Odisha	2010	• Agriculture • Coasts and disasters • Energy • Fisheries and animal resources • Forestry • Health • Industry • Mining • Transportation • Urban planning • Water resources	LAPA not mentioned
Puducherry	2014	• Solar • Enhanced energy efficiency • Sustainable habitat • Green Puducherry • Sustainable agriculture • Water • Strategic knowledge • Costal mission	Involvement of local government and communities
Punjab	2014	Covers all eight mission of NAPCC	Involvement of local people and communities is

			mentioned
Rajasthan	2014	• Water resources • Agriculture and animal husbandry • Human health • Forest and biodiversity • Enhanced energy efficiency • Urban governance and sustainable habitat • Strategic knowledge on CC	LAPA not mentioned
Sikkim	2011	• Water • Agriculture • Biodiversity, forest, wild life and eco-tourism • Urban and rural habitat • Urban transport	Involvement of local governing bodies for implementation
Tamil Nadu	2013	• Water • Coastal area management • Forest and bio-diversity • Sustainable habitat • Sustainable agriculture • Energy efficiency • Renewable energy • Knowledge management	Partnership and collaborative arrangements with the Panchayati Raj Department to help Gram Panchayats develop participatory gender just LAPA, in addition to their mandate of developing and implementing the

			village level development plans
Tripura	2011	• Sustainable Himalaya • Sustainable habitat • Sustainable agriculture • Green Tripura • Strategic knowledge mission on CC • Solar • Energy efficiency • Water • Health	Focus on involvement of local community for implementation
West Bengal	2012	• Water • Agriculture • Forest and biodiversity • Human Health • Energy efficiency and renewable energy • Sustainable habitat	Existence of Panchayat Raj Institutions

Quadro 1: SAPCC que aborda as missões nacionais da NAPCC e a necessidade de um Plano de Ação de Adaptação Local (LAPA)

(Adotado de Aryal *et al.*, 2015)

Importância dos planos de ação estatais em matéria de alterações climáticas

- **Resposta localizada**: A diversidade geográfica e climática da Índia significa que os impactes das alterações climáticas variam significativamente de região para região. As SAPCC permitem que os Estados adaptem as suas estratégias climáticas às condições locais, abordando vulnerabilidades específicas como as secas, as inundações, a erosão costeira e a alteração dos padrões agrícolas.

- **Governação descentralizada**: Ao dar poder aos governos estaduais para desenvolverem e implementarem os seus próprios planos de ação climática, as SAPCCs promovem uma governação descentralizada. Isto assegura que as acções climáticas respondem melhor às necessidades e prioridades locais, promovendo uma maior apropriação e responsabilidade a nível estatal.

- **Integração nos objectivos de desenvolvimento**: As SAPCC têm por objetivo integrar a resiliência climática no planeamento do desenvolvimento em geral. Esta abordagem holística garante que o crescimento económico e o desenvolvimento de infra-estruturas não comprometem a sustentabilidade ambiental. Alinha-se com o objetivo nacional de desenvolvimento sustentável.
- **Reforçar as capacidades e a consciencialização**: O desenvolvimento e implementação de SAPCCs envolve um amplo envolvimento das partes interessadas, incluindo agências governamentais, sociedade civil, universidades e comunidades locais. Este processo ajuda a criar capacidades, a sensibilizar e a melhorar a colaboração entre os vários actores envolvidos na ação climática.

Os planos estatais servem como uma base sobre a qual se podem construir outras iniciativas, em vez de serem vistos como o culminar de um processo complexo. Além disso, se os planos climáticos forem realmente utilizados como um meio de reorientar o desenvolvimento, necessitarão de um processo muito mais minucioso que envolva as empresas e as partes interessadas da sociedade civil na imaginação de diferentes futuros numa base setorial, bem como de um nível proporcional de interesse e envolvimento dessas partes interessadas. O caminho a seguir exige o aperfeiçoamento dos planos climáticos com vista a um enquadramento mais sólido, um procedimento que facilite um debate mais alargado dentro e fora do governo, resultados estruturados com diferentes graus de especificidade e uma abordagem de implementação faseada que dê prioridade à internalização da sustentabilidade e da resiliência climática nos departamentos sectoriais.

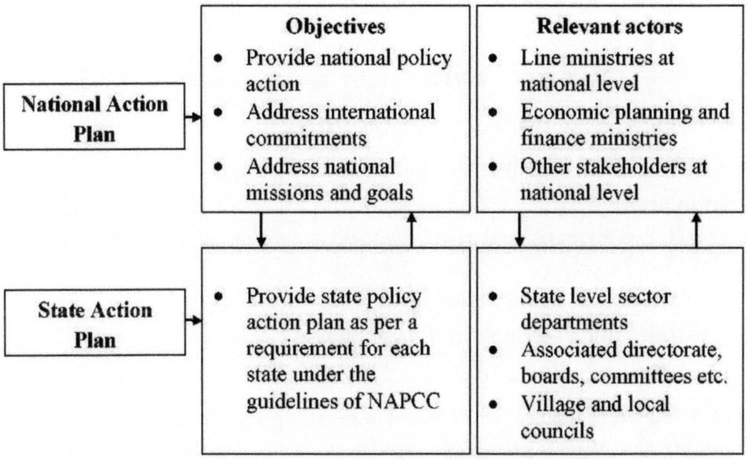

Fig 1: Componentes dos planos de ação estatais para as alterações climáticas

Aldeias climaticamente inteligentes (CSV) na Índia

O conceito de Aldeia Climaticamente Inteligente utiliza uma carteira de práticas e tecnologias adequadas ao clima, que são apropriadas às necessidades da comunidade e ao sistema agrícola local (Fig. 2). Estas técnicas e tecnologias podem melhorar o rendimento das culturas, aumentar o rendimento líquido, aumentar a eficiência da utilização dos factores de produção (água e nutrientes) e melhorar a tolerância às flutuações climáticas durante a estação, de acordo com os dados de uma série de investigações realizadas nas regiões climáticas da Índia (GoMP, 2017). Investigadores de organizações nacionais e internacionais, cooperativas de agricultores, governo local, líderes comunitários, organizações do sector privado e importantes planeadores de políticas colaboram nas aldeias climaticamente inteligentes para determinar quais as intervenções agrícolas climaticamente inteligentes mais adequadas para enfrentar os desafios climáticos que o sector agrícola da aldeia enfrenta. Procura melhorar o cumprimento dos objectivos nacionais de desenvolvimento e segurança alimentar. A CSV utiliza uma variedade de intervenções para abordar todos os aspectos das operações agrícolas.

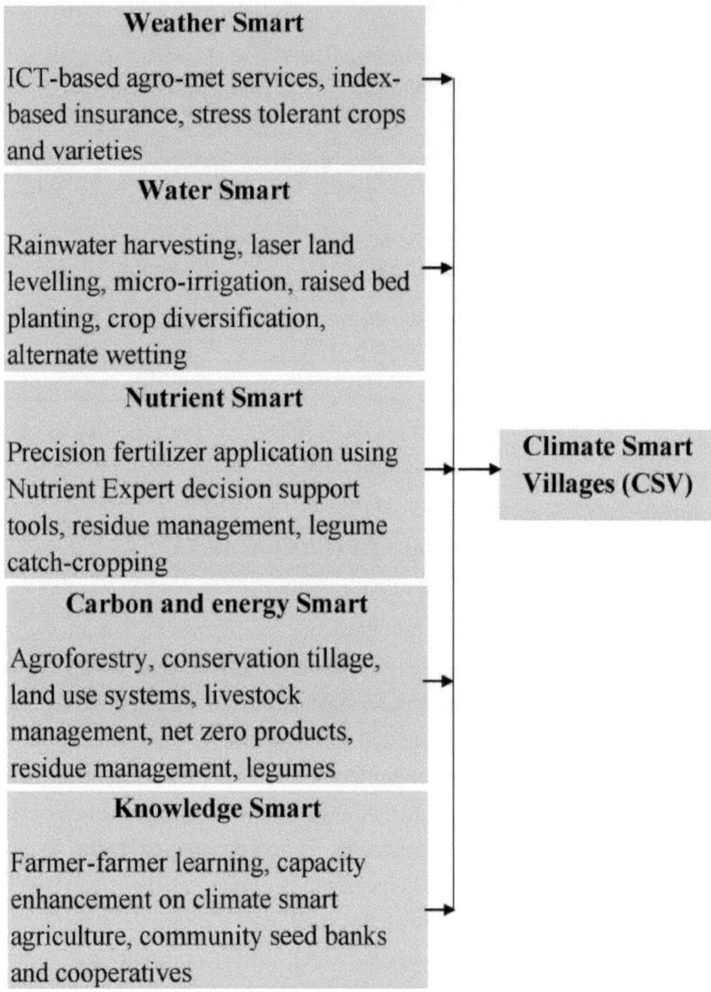

Fig 2: Representação esquemática da Aldeia Climaticamente Inteligente (CSV)

Os CSVs foram inicialmente testados em 3 estados da Índia: Punjab,

Haryana e Bihar. Nestes estados, foram recolhidos dados específicos dos distritos para identificar os potenciais riscos climáticos, a perceção dos agricultores para fazer face a esses riscos e as potenciais intervenções de agricultura inteligente face ao clima (AEC). As principais áreas de incidência das CSV são: participação de várias partes interessadas e adaptação local, convergência de investimentos com benefícios conexos, atenção aos jovens, às mulheres e aos grupos socialmente desfavorecidos, e sistemas de inovação como as cooperativas de agricultores e os balcões de atendimento.

As Práticas Agrícolas Inteligentes face ao Clima (PAICC) são específicas do local e concebidas para satisfazer as necessidades socioeconómicas e agro-ecológicas de uma determinada área. É possível que as intervenções que se revelem eficazes num determinado contexto não se apliquem a outro. Os portfólios de CSAPs foram recomendados como forma de abordar os novos problemas colocados pela imprevisibilidade climática. Em conjunto, as acções CSAP reforçam a resistência de uma comunidade e dos agricultores individuais às pressões climáticas, garantem a segurança alimentar e os meios de subsistência das famílias e, na medida do possível, reduzem as emissões de gases com efeito de estufa. O termo "CSAPs" refere-se a uma estratégia integradora que se esforça especificamente por atingir três objectivos ao abordar as questões interligadas da segurança alimentar e das alterações climáticas, que são

- aumentar de forma sustentável a produtividade agrícola, para apoiar aumentos equitativos dos rendimentos agrícolas, da segurança alimentar e do desenvolvimento
- adaptação e reforço da capacidade de resistência dos sistemas agrícolas e de segurança alimentar às alterações climáticas a múltiplos níveis e
- reduzir as emissões de gases com efeito de estufa provenientes da agricultura (incluindo as culturas, a pecuária e a pesca).

Benefícios da agricultura inteligente face ao clima

A adoção generalizada de práticas agrícolas inteligentes do ponto de vista climático beneficia o ambiente, aumenta os meios de subsistência dos agricultores e abre novas perspectivas económicas. Mais especificamente, estas são algumas das suas vantagens:

- **Melhoria da produtividade agrícola**: Os métodos de agricultura climaticamente inteligente aumentam o rendimento das culturas, optimizando a utilização da água, dos fertilizantes e de outros factores de produção agrícola. Os agricultores também evitam o stress hídrico e térmico nas suas culturas, mantêm o solo saudável e rico em nutrientes e humidade e reduzem os danos causados por pragas e doenças. Consequentemente, ao adoptarem uma agricultura inteligente em termos climáticos, os agricultores podem aumentar os rendimentos, mantendo-se resistentes às alterações climáticas.
- **Reduzir as emissões de gases com efeito de estufa (GEE):** A lavoura de conservação, a plantação de culturas de cobertura, a utilização de biochar nas zonas rurais e as aplicações de fertilizantes bem planeadas e precisas são apenas alguns dos métodos agrícolas climaticamente inteligentes recomendados para reduzir as emissões de gases com efeito de estufa provenientes da agricultura
- **Reduzir a poluição e outros riscos ambientais:** A agricultura inteligente do ponto de vista climático ajuda a mitigar os danos ambientais, baseando-se em métodos amigos do ambiente. A agricultura de conservação ajuda a evitar a erosão dos solos, a preservar a fertilidade da terra e a salvar a vida vegetal e animal local. A gestão inteligente da água conserva as reservas de água ao reduzir o consumo desnecessário. A agricultura biológica e a gestão integrada da produção reduzem a necessidade de tratamentos químicos nocivos, o que é importante para manter um bioma equilibrado. O dióxido de carbono é retirado da atmosfera e armazenado em sistemas agroflorestais, mitigando as alterações climáticas.

Em termos gerais, a agricultura climaticamente inteligente promove uma estratégia abrangente que estabelece um equilíbrio entre a sustentabilidade ambiental e a viabilidade económica, de modo a preservar os ecossistemas a longo prazo. Além disso, as soluções personalizadas dão aos agricultores o conhecimento preciso e os recursos de que necessitam para gerir as flutuações erráticas do clima. Foi criado um novo sistema de monitorização do Carbono do Solo baseado na deteção remota e na análise de dados para ajudar os agricultores a implementar técnicas adequadas de gestão do solo e contribuir para a atenuação do aquecimento global.

Uma vez que a atenuação das alterações climáticas não pode eliminar completamente a vulnerabilidade às mesmas, a adaptação é crucial. Isto deve-se sobretudo ao facto de as emissões históricas já estarem num ponto em que continuarão a ter efeitos durante várias décadas. No entanto, diferentes sectores e locais têm necessidades diferentes no que diz respeito à adaptação às alterações climáticas, pelo que os desafios específicos de determinados sectores e locais não seriam resolvidos pela adaptação a nível nacional, regional ou estatal. Além disso, a adaptabilidade tem um custo elevado. Por conseguinte, faz sentido incorporar o planeamento do desenvolvimento nacional a diferentes níveis nos planos e programas de adaptação. No exemplo da Índia, o planeamento a nível local é necessário porque a nação já associou com sucesso os planos estatais e nacionais de mitigação das alterações climáticas aos planos de desenvolvimento nacional. Combinando o programa e produzindo efeitos sinérgicos, isto irá, por um lado, reduzir o custo da conceção e implementação do programa. Por outro lado, salvaguardará a comunidade local da má adaptação, abordando a questão local com a ajuda de parceiros locais.

Conclusão

Os planos de ação estatais para as alterações climáticas na Índia são partes essenciais da estratégia nacional do país para lidar com as questões complexas associadas às alterações climáticas. A abordagem integrada, descentralizada e localizada que os SAPCCs oferecem permite que os governos personalizem as suas medidas climáticas para lidar com riscos e objectivos específicos. Mesmo que a mobilização e a execução de recursos ainda enfrentem obstáculos, os avanços feitos até agora mostram que as

SAPCCs têm a capacidade de melhorar a resiliência, reduzir as emissões e promover o desenvolvimento sustentável. Para alcançar um futuro sustentável e resiliente, será essencial fortalecer e alargar o âmbito das SAPCC à medida que a Índia continua a atravessar os meandros das alterações climáticas. Os elementos dos Planos de Ação Estaduais para as Alterações Climáticas da Índia oferecem uma estratégia completa e coordenada para enfrentar os efeitos múltiplos e regionalmente distintos das alterações climáticas. Os SAPCC garantem que os Estados se podem preparar e responder adequadamente às alterações climáticas, concentrando-se em avaliações de vulnerabilidade, planos sectoriais, quadros políticos, planeamento financeiro, reforço de capacidades, investigação e monitorização. Em conjunto, estes elementos promovem a resiliência, fomentam o desenvolvimento sustentável e criam uma base sólida para a ação climática a nível estatal.

Referências

Aryal, J.P., Jat, M.L., Singh, R., Gehlawat, S.K. e Agarwal, T. 2015. *Quadro, directrizes e governação para a conceção de um plano de ação de adaptação local para integrar as aldeias climaticamente inteligentes na Índia.* CIMMYT, México. https://cgspace.cgiar.org/server/api/core/ bitstreams/c14605df-94ff-4366-832f-5a2f3ac3dde1/content. Acedido em 11.05.2024.

CPR. 2013. Planos de Ação Estaduais para as Alterações Climáticas na Índia Enquadramento, processos e motores. Um relatório sobre o diálogo da mesa redonda. Centre for Policy Research (CPR), Nova Deli. http://cdkn.org/wp- content/uploads/2013/05/SAPCC-Workshop-Report_CPR_27-April- 2013_update.pdf. Acedido em 11.05.2024.

Dubash, N.K. 2011. *Handbook of Climate Change and India: Development, Politics and Governance*. Oxford University Press, Nova Deli.

Dubash, N.K. e Jogesh, A. 2014. *From Margins to Mainstream? Climate Change Planning in India as a 'Door Opener' to a Sustainable future.* Centro de Investigação Política (CPR), Nova Deli, Iniciativa para o

Clima, Relatório de Investigação.

GoMP. 2007. Increasing Adaptive Capacity to Climate Change through Developing Climate-Smart Villages in Select Vulnerable Districts of Madhya Pradesh [Aumentar a capacidade de adaptação às alterações climáticas através do desenvolvimento de aldeias inteligentes em relação ao clima em determinados distritos vulneráveis de Madhya Pradesh]. Apresentado ao Ministério do Ambiente, das Florestas e das Alterações Climáticas, Governo da Índia. Apresentado pelo Governo de Madhya Pradesh, Centro de Gestão de Conhecimentos sobre Alterações Climáticas do Estado de MP.

Kumar, V. 2018. *Coping with Climate Change: An Analysis of India's State Action Plans on Climate Change [Análise dos planos de ação estatais da Índia em matéria de alterações climáticas]*. Centro para a Ciência e o Ambiente, Nova Deli.

MoEF. 2010. *Alterações climáticas e a Índia: A 4x4 assessment a sectoral and regional analysis for 2030.* INCCA: Indian Network for Climate Change Assessment, Ministério do Ambiente e das Florestas,

Governo da Índia.

TERI. 2018. *Os NDCs da Índia.* Documento de discussão. Centro de Investigação sobre o Ambiente Global, Instituto da Energia e dos Recursos (TERI) India Habitat Centre, Lodhi Road, Nova Deli.

Capítulo 5: SAPCC KERALA: UM MODELO PROMISSOR

Introdução

Kerala não é uma exceção aos efeitos das alterações climáticas e do aquecimento global que se fazem sentir na maioria dos países do mundo, bem como nos Estados indianos. As recentes catástrofes naturais demonstraram que os efeitos das alterações climáticas já se fazem sentir, podendo continuar a agravar-se e a ocorrer com maior frequência. A importância de uma ação climática melhorada e coordenada, levada a cabo de forma justa e inclusiva, foi sublinhada na Conferência das Partes 27, que teve lugar em Sharm el-Sheikh. No âmbito do Plano de Ação Nacional para as Alterações Climáticas (NAPCC), o governo indiano iniciou oito missões em regiões específicas e delineou as medidas necessárias para atenuar os efeitos das alterações climáticas. Kerala criou e aprovou o seu primeiro Plano de Ação Estatal para as Alterações Climáticas (SAPCC) em 2014. De acordo com o Quadro Comum do MoEFCC e as Contribuições Nacionalmente Determinadas (NDC) e os Objectivos de Desenvolvimento Sustentável (ODS), Kerala actualizou o SAPCC através de consultas alargadas e avaliações sofisticadas (DoECC, 2022).

O planeamento das alterações climáticas é um processo dinâmico que deve avaliar a forma como o clima está a mudar e a vulnerabilidade dos sistemas a essa mudança, a fim de determinar as medidas de adaptação adequadas. Por conseguinte, o plano foi elaborado na sequência de consultas exaustivas e a vários níveis com numerosos departamentos, agências e partes interessadas. Esta estratégia será útil para mobilizar diferentes fontes de financiamento para o clima e estabelecer prioridades para diferentes medidas de atenuação e adaptação. O planeamento das alterações climáticas tornou-se o ponto central destas iniciativas e um requisito para a coordenação com os esforços internacionais de combate ao problema. As projecções de modelos climáticos melhorados e as avaliações de vulnerabilidade foram incorporadas no Plano de Ação para oferecer recomendações de tácticas, medidas e sistemas de monitorização.

Observações climáticas do SAPCC Kerala

No passado, o Estado registou um ligeiro aumento das temperaturas no verão e no inverno, bem como uma diminuição da precipitação média anual. Prevê-se que, num futuro próximo, a temperatura na região aumente 10 a 20 graus Celsius. Prevê-se que a precipitação aumente, em função dos distritos, no inverno, na monção e na pré-monção. O SAPCC observa que a direção das alterações da temperatura, da precipitação e dos fenómenos extremos (tais como vagas de calor, precipitação intensa, secas e ciclones tropicais) está em grande medida de acordo com a literatura a nível mundial, sul-asiático e nacional. Prevê-se que os fenómenos de precipitação muito intensa aumentem em todos os distritos. O Plano de Ação do Estado de Kerala para as Alterações Climáticas identificou quatro pontos críticos de alterações climáticas no Estado, nomeadamente os distritos de Alappuzha, Palakkad, Wayanad e Idukki, que são mais vulneráveis aos recursos naturais, como as inundações e as secas, e que têm um impacto na vida humana e na biodiversidade. As principais observações do SAPCC são as seguintes

- Kerala está gravemente ameaçado pelas alterações climáticas
- Aumento da frequência e da intensidade dos incêndios florestais
- Perda de biodiversidade e de habitat
- Migração e declínio das espécies
- Aumento do conflito homem-animal
- Infecções novas e desconhecidas
- Propõe a criação de um laboratório móvel para monitorizar as emissões de gases com efeito de estufa e projectos de investigação sobre ilhas de calor urbanas em Thiruvananthapuram
- Estuda a relação entre as alterações climáticas e as doenças transmitidas por vectores
- Foi também proposta uma estação de monitorização dos gases com efeito de estufa nos Ghats Ocidentais e estações meteorológicas automáticas para registar indicadores climáticos e outros

indicadores ambientais a longo prazo nas montanhas, nas terras médias e nas planícies costeiras

- De acordo com o cenário atual, prevê-se que a temperatura atmosférica em todo o Estado aumente 2 graus Celsius até ao ano 2050
- A temperatura mínima à superfície nos Ghats Ocidentais pode aumentar 2 a 4,5 graus Celsius
- É provável que o número de dias de chuva diminua em toda a costa ocidental
- Se o nível do mar subir um metro sequer, 169 km2 da região costeira de Kochi e arredores ficarão inundados
- A produção de arroz em Kerala diminuiria 6% por cada grau de aumento da temperatura
- Culturas como o café, o chá, a pimenta preta e o cardamomo também poderão ser afectadas pelo aumento da temperatura e pela alteração dos padrões de precipitação

O governo de Kerala está empenhado em manter os seus esforços para resolver os problemas que as pessoas enfrentam em resultado das alterações climáticas e das condições meteorológicas adversas que as acompanham. O governo está a promover o engenho regional, soluções energéticas sustentáveis a preços razoáveis, abordagens criativas à adaptação climática e estratégias de reforço da resiliência (Lakshmy *et al.*, 2021). O SAPCC será o ponto focal dos esforços do Estado para combater as alterações climáticas, criar ligações à escala nacional e mundial e facilitar a cooperação entre as diferentes partes interessadas. A implementação do SAPCC ajudará a abordar a questão da vulnerabilidade às alterações climáticas e a reforçar a resiliência, em especial em sectores como a agricultura, a pecuária, a pesca costeira, a saúde, os recursos hídricos, as florestas e a biodiversidade.

Componentes do SAPCC de Kerala

As estimativas futuras dos factores climáticos e não climáticos estão repletas de incertezas, mas este conhecimento serve para aumentar a sensibilização para a importância de tomar medidas proactivas e antecipatórias para enfrentar os perigos previstos. A adoção de medidas de reforço da resiliência agora, à luz de um futuro incerto, é uma estratégia "sem arrependimentos" que oferece a vantagem de várias opções a preços razoáveis. É importante escolher estratégias que, caso o cenário projetado se concretize, sejam neutras ou produzam resultados positivos; caso se concretize qualquer outro cenário, as estratégias não deverão ter quaisquer efeitos negativos. Consequentemente, é necessário avaliar a vulnerabilidade intrínseca dos sistemas naturais e socioeconómicos, seleccionando indicadores específicos do contexto e do sector com base no conhecimento especializado local. Qualquer avaliação de vulnerabilidade bem sucedida é específica do contexto e serve como um primeiro passo essencial para o desenvolvimento de práticas, estratégias e políticas de adaptação sem arrependimentos.

- **Avaliação da vulnerabilidade:** Sendo um estado costeiro, Kerala é particularmente afetado pelas contínuas flutuações de temperatura e precipitação, bem como pelo aumento notável da frequência de fenómenos extremos catastróficos. Estas alterações têm um efeito nos ecossistemas naturais e nos sistemas socioeconómicos de todo o país. Prevê-se que as futuras alterações climáticas agravem estes efeitos, colocando estes sistemas em risco significativo.
  - *Análise dos riscos climáticos:* Kerala regista fortes chuvas de monção, erosão costeira e inundações. O SAPCC inclui avaliações pormenorizadas destes riscos, utilizando dados climáticos históricos e projecções futuras.
  - *Vulnerabilidade socioeconómica:* O Estado avalia a vulnerabilidade da sua população, particularmente a que depende da agricultura e da pesca, que são altamente sensíveis à variabilidade climática.

- **Estratégias sectoriais:** Kerala representa apenas 1,8% da área total da Índia, mas alberga cerca de 3,1% da população do país. Com 859 pessoas por quilómetro quadrado, a densidade populacional é três vezes superior à do resto da Índia. A situação é ainda mais precária devido à elevada dependência do estado de indústrias sensíveis ao clima, incluindo a agricultura, a pesca e a silvicultura.

- *Agricultura*: Promover culturas resistentes ao clima, melhorar a eficiência da irrigação e implementar práticas agrícolas sustentáveis.
- *Recursos hídricos*: Reforçar a conservação da água, melhorar a gestão das bacias hidrográficas e promover a utilização da recolha de águas pluviais.
- *Silvicultura e biodiversidade:* Conservar a biodiversidade através da proteção das florestas e dos habitats da vida selvagem e promover a florestação.
- *Gestão da Zona Costeira*: Desenvolver e implementar medidas para proteger as zonas costeiras da erosão e da subida do nível do mar.
- *Saúde:* Reforço dos sistemas de saúde pública para fazer face a problemas de saúde relacionados com o clima, como as doenças transmitidas por vectores.

- **Quadro político e institucional: A** fim de reconstruir infra-estruturas mais duradouras e eficazes, o governo do estado planeia atualizar e modernizar a sua gestão de investimentos e os procedimentos e sistemas do sector público. Imagina-se, assim, um quadro político estratégico para o desenvolvimento ecológico e a recuperação resiliente.
  - *Reforço institucional*: Estabelecer um quadro sólido para a coordenação entre os vários departamentos e agências governamentais.
  - *Medidas regulamentares*: Desenvolver políticas e regulamentos para apoiar a resiliência climática, incluindo códigos de construção e políticas de utilização dos solos.

- **Planeamento financeiro:** A localização de Kerala ao longo da costa sul da Índia torna-o extremamente suscetível a calamidades naturais e aos efeitos das alterações climáticas. O estado sofreu deslizamentos de terras e inundações em 2021, que causaram várias vítimas mortais e prejuízos de cerca de 100 milhões de dólares. Estas catástrofes recorrentes tiveram um efeito terrível nos meios de subsistência das pessoas vulneráveis, em especial das mulheres pescadoras e agricultoras. A fim de reforçar a resiliência do Estado para atenuar os efeitos das alterações climáticas e criar uma estratégia viável de gestão de catástrofes e um Kerala resistente ao clima, a administração estatal contactou várias organizações, incluindo o Banco Mundial e a AFD (Agência Francesa de Desenvolvimento). As iniciativas avaliarão a forma como o clima do estado está a mudar agora e no futuro, e fornecerão incentivos financeiros e regulamentos para mitigar os riscos para as infra-estruturas, os assentamentos humanos e os recursos ambientais.

- *Atribuição orçamental:* Atribui recursos do orçamento do Estado para iniciativas climáticas.
- *Mecanismos de financiamento*: Identificar fontes de financiamento, incluindo esquemas nacionais, financiamento internacional do clima e investimentos privados.

- **Reforço das capacidades e sensibilização do público:** O processo através do qual as pessoas ou organizações adquirem, melhoram ou mantêm as capacidades, o saber-fazer, os instrumentos, o equipamento ou outros recursos necessários para desempenharem as suas tarefas de forma competente é conhecido como desenvolvimento de capacidades. Também alude à melhoria do desempenho e ao aumento da capacidade no processo. As iniciativas de desenvolvimento de capacidades começam normalmente com a sensibilização e o reforço dos conhecimentos sobre os efeitos previstos de um ambiente em mudança e a necessidade de adaptação. Mas o desenvolvimento de capacidades vai para além do aumento da informação e da sensibilização; visa também capacitar as pessoas, ajudando-as a adquirir novas competências e aptidões. O reforço das capacidades centra-se em populações-alvo específicas que estão envolvidas na adaptação às alterações climáticas. O reforço das capacidades é crucial ao longo de todo o ciclo de adaptação e não apenas num determinado momento.
    - *Programas de formação*: Realização de formação para funcionários do governo e autoridades locais sobre alterações climáticas e estratégias de adaptação.
    - *Campanhas de sensibilização do público*: Aumenta a consciencialização através de campanhas, workshops e materiais educativos.

- **Investigação e desenvolvimento:** Compreender os elementos físicos, químicos e biológicos do sistema terrestre, as causas e os efeitos das alterações no uso do solo e no clima e a suscetibilidade e resistência do sistema terrestre a essas alterações são objectivos do Programa de Investigação e Desenvolvimento sobre o Clima (I&D sobre o Clima).
    - Investigação sobre o clima: Apoia a investigação sobre os impactos climáticos e as estratégias de adaptação.
    - Desenvolvimento tecnológico: Promover o desenvolvimento e a adoção de tecnologias para a atenuação e adaptação às

alterações climáticas.

- Gestão de dados: Estabelecer sistemas de recolha e análise de dados para informar a elaboração de políticas.

- **Monitorização e avaliação:** A monitorização e a avaliação são apenas uma ferramenta para ajudar a compreender e a dar prioridade às acções de apoio à tomada de decisões no contexto da adaptação às alterações climáticas. Ao longo do tempo, deve facilitar a capacidade dos decisores e dos utilizadores de discernir o que está e o que não está a funcionar.
  - *Indicadores de desempenho:* Desenvolver indicadores para medir a eficácia das acções climáticas.
  - *Mecanismos de apresentação de relatórios*: Estabelecer mecanismos para a apresentação regular de relatórios e a revisão da aplicação do SAPCC.

Estratégias e acções de adaptação propostas (2023-30)

A redução das emissões de gases com efeito de estufa (GEE) ou a aceleração do processo de sequestro de carbono através de vários sistemas naturais são as duas técnicas possíveis de atenuação das alterações climáticas. Kerala é o Estado indiano que emite menos gases com efeito de estufa - 3,95% do PIB da Índia (GHG Platform India, 2022). As principais razões para a sua baixa quota de emissões são a sua quantidade substancial de cobertura florestal e os esforços para melhorar a conservação e a eficiência energética. Os sectores da energia - edifícios, transportes, indústrias, produção de energia e agricultura - são responsáveis por 80% das emissões do Estado. Nos últimos 20 anos, estes sectores registaram um crescimento significativo das emissões. A maioria das emissões de gases com efeito de estufa no sector da energia foi atribuída ao sector da construção (21%) e ao sector dos transportes (54%).

- **Agricultura**: O objetivo das iniciativas de adaptação do sector agrícola é aumentar a rentabilidade ao longo de toda a cadeia de valor e a resistência às alterações climáticas nas terras agrícolas menos produtivas situadas nos distritos mais susceptíveis.

Melhorar e tornar os métodos de produção resistentes às alterações climáticas, reduzir as perdas pós-produção e reforçar as capacidades dos mercados, do armazenamento e do crédito, seguros e Krishi Bhavans são alguns dos objectivos que pretendes alcançar.

- **Pecuária**: A indústria pecuária toma medidas para diminuir o impacto das alterações climáticas no gado, dando ênfase a uma alimentação saudável, alojamento seguro, criação e bem-estar geral para aumentar a produtividade do gado. Os resultados pretendidos pelos projectos incluem gado e rendimentos agrícolas resistentes às alterações climáticas, menos emissões na produção de leite, aumento dos rendimentos agrícolas que são aumentados pelos rendimentos das galinhas de quintal, a economia circular - que converte os resíduos das aves em alimentos para animais ou peixes - e uma diminuição da incidência e mortalidade de doenças no gado.
- **Pesca costeira**: O desenvolvimento de aldeias costeiras resistentes ao clima com habitações seguras para as comunidades piscatórias, a mitigação de perdas e danos devido a riscos costeiros, o desenvolvimento de infra-estruturas pós-colheita cruciais para minimizar as perdas e a amplificação da produção aquícola costeira e interior são as acções que se destinam a garantir a segurança alimentar e o aumento sustentável dos rendimentos.
- **Floresta e biodiversidade**: Embora a cobertura florestal do Estado seja globalmente impressionante, alguns distritos têm uma cobertura e uma área florestal menos biodiversa, uma proteção inadequada das suas florestas e menos massas de água nas suas florestas. A vulnerabilidade do sector é agravada pelo aumento da frequência dos incêndios florestais e das actividades humanas.

conflitos com a vida selvagem, bem como recursos humanos e instalações insuficientes a nível do terreno para a conservação das florestas. O reforço da capacidade de adaptação do sector exige a gestão dos incêndios florestais, o controlo das espécies invasoras, os conflitos entre o homem e a vida selvagem e a melhoria da biodiversidade florestal.

- **Saúde**: Em termos de saúde, Palakkad, Malappuram e Kasaragod são classificados como extremamente vulneráveis. A suscetibilidade pode ser reduzida através da aplicação de medidas de adaptação sem arrependimentos para melhorar o abastecimento de água e a cobertura de seguros, os serviços de cuidados de saúde de emergência para as comunidades que são inerentemente sensíveis e as infra-estruturas e serviços de cuidados de saúde. Isto implicaria a criação de uma melhor gestão dos resíduos sólidos e líquidos, incluindo instalações para o tratamento e a gestão de resíduos biomédicos, a melhoria das infra-estruturas críticas, o reforço dos serviços de cuidados de saúde de emergência em zonas com risco de aumento da mortalidade devido a fenómenos climáticos extremos e o desenvolvimento e integração de dados climáticos nos sistemas de vigilância e alerta de doenças.
- **Recursos hídricos**: Os distritos de Wayanad, Alappuzha, Kottayam e Kozhikode foram classificados como extremamente vulneráveis em termos de recursos hídricos devido à sua inadequada cobertura de irrigação e densidade de drenagem, à sua falta de capacidade de armazenamento em reservatórios, à qualidade das suas águas superficiais e à escassez de estações meteorológicas e de monitorização das águas superficiais. O stress hídrico é agravado pela densidade populacional e muitos indivíduos empobrecidos têm acesso limitado durante todo o ano a fontes de água tratada. Um Sistema de Informação sobre os Recursos Hídricos, sistemas de drenagem sustentáveis e acesso a água potável são apenas algumas das causas importantes da vulnerabilidade que se pretende abordar através de intervenções destinadas a aumentar a resiliência em termos de recursos hídricos.

Importância do SAPCC de Kerala

O SAPCC coloca as preocupações com as alterações climáticas na vanguarda do desenvolvimento sustentável para manter a qualidade de vida da população do Estado. O SAPCC tratou principalmente da identificação das vulnerabilidades específicas do Estado em matéria de alterações climáticas, do planeamento de opções adequadas de adaptação e atenuação para fazer face às questões das alterações climáticas, da definição de prioridades e das opções financeiras. O seu principal objetivo é integrar as estratégias em matéria de alterações climáticas no processo de planeamento e desenvolvimento a nível do Estado e reduzir o risco presente e futuro associado às alterações climáticas no Estado. Para além das várias intervenções sectoriais, o SAPCC refere a necessidade de dispor de um quadro de aplicação, acompanhamento e avaliação para medir a eficácia da aplicação do SAPCC. A importância do Plano de Ação do Estado de Kerala para as Alterações Climáticas (SAPCC) reside na sua abordagem global dos impactos multifacetados das alterações climáticas no ambiente, na economia e nas comunidades do Estado. Eis alguns aspectos fundamentais que realçam a sua importância:

- **Abordar as vulnerabilidades**: O SAPCC de Kerala identifica e detecta os pontos fracos em áreas vitais como a agricultura, a saúde, os recursos hídricos e as regiões costeiras. Com esta estratégia direccionada, as áreas e as populações mais vulneráveis recebem o tempo e os recursos de que necessitam para atenuar os efeitos negativos.
- **Integração das alterações climáticas no planeamento do desenvolvimento**: O SAPCC garante que a resiliência climática se torna um elemento fundamental do objetivo de desenvolvimento sustentável de Kerala, integrando as medidas relativas às alterações climáticas no processo de planeamento do desenvolvimento em geral. Esta integração ajuda a coordenar a ação climática com os objectivos de desenvolvimento social e prosperidade económica.
- **Promover as energias renováveis e a eficiência energética**: O SAPCC estabelece objectivos elevados para aumentar a capacidade das fontes de energia renováveis e melhorar a eficiência energética. Isto apoia a segurança energética e o

crescimento económico sustentável, para além de reduzir as emissões de gases com efeito de estufa. Por exemplo, a estratégia procura aumentar a eficiência energética doméstica em 53% e atingir 3,46 GW de capacidade de energia renovável.

- **Reforçar a resistência às catástrofes**: As inundações e os deslizamentos de terras são duas das catástrofes naturais mais comuns que afectam Kerala. A ênfase do SAPCC no reforço dos sistemas de resposta às catástrofes e no desenvolvimento de infra-estruturas resistentes às catástrofes é essencial para reduzir os riscos e os efeitos dessas catástrofes nas infra-estruturas e nas comunidades.
- **Promover o envolvimento e a consciencialização da comunidade**: O público está envolvido no registo e avaliação dos efeitos das alterações climáticas através de programas como o Citizen Climate Connect, que são apoiados pelo SAPCC. Ao aumentar o conhecimento e incentivar o envolvimento da comunidade nas alterações climáticas, estes programas melhoram a eficácia e a inclusão da resposta.
- **Gestão costeira sustentável**: As populações e os ecossistemas costeiros de Kerala estão em perigo devido ao aumento da erosão costeira e à subida do nível do mar. Por conseguinte, é essencial uma gestão costeira sustentável. As políticas de gestão integrada da zona costeira do SAPCC destinam-se a resolver com êxito estas questões.
- **Apoiar a agricultura inteligente face ao clima**: Para manter a segurança alimentar face a um clima em mudança, as técnicas agrícolas inteligentes em termos climáticos são cruciais. Ao incentivar a irrigação eficiente e outros métodos agrícolas sustentáveis, o SAPCC trabalha para salvaguardar os meios de subsistência dos agricultores e manter a resiliência do sector agrícola.
- **Melhorar as infra-estruturas de saúde pública**: Os riscos significativos para a saúde associados às alterações climáticas incluem o stress térmico e as doenças transmitidas por vectores. O SAPCC procura melhorar a resiliência da comunidade e a

saúde pública, fortalecendo os sistemas de saúde para lidar com estes efeitos.

Os países em desenvolvimento são agora desproporcionadamente vulneráveis a catástrofes naturais e os dados atualmente disponíveis indicam que as alterações climáticas terão um impacto negativo considerável em algumas das indústrias sensíveis ao clima desses países. Para obter melhores resultados, os países em desenvolvimento podem, por conseguinte, "integrar" políticas de adaptação às alterações climáticas nos planos e políticas de desenvolvimento actuais e futuros. Poderá ser necessário atribuir fundos adicionais a iniciativas específicas para as alterações climáticas, continuando a trabalhar para os principais objectivos de desenvolvimento. Pode ser benéfico combinar esforços para aumentar as perspectivas de crescimento e reforçar a resiliência climática da população e da economia empobrecidas do país. A capacidade de adaptação do país às catástrofes naturais e às alterações climáticas pode ser reforçada pelo crescimento socioeconómico, uma vez que este tem o potencial de reduzir os actuais défices de adaptação e de desenvolvimento. Além disso, a integração evitará abordagens fragmentadas e permitirá uma estratégia mais integrada para atingir os objectivos de desenvolvimento. Em suma, o SAPCC de Kerala, que aborda questões de curto e longo prazo decorrentes das alterações climáticas, é um modelo essencial para a resiliência e a sustentabilidade climáticas. A sua estratégia abrangente e integrada estabelece um padrão para outras áreas que lidam com questões ambientais e de desenvolvimento comparáveis.

Conclusão

A política nacional da Índia para lidar com as complexas preocupações relacionadas com as alterações climáticas inclui planos de ação estatais como componentes integrais. Os governos podem adaptar as suas acções climáticas a ameaças e objectivos específicos graças à abordagem integrada, descentralizada e localizada das SAPCC. As SAPCCs podem aumentar a resiliência, reduzir as emissões e promover o desenvolvimento sustentável, como demonstram os progressos realizados até à data, apesar de a mobilização e execução de recursos ainda enfrentarem desafios. À medida que a Índia continua a navegar pelas complexidades das alterações climáticas, o reforço e a expansão do âmbito das SAPCCs serão cruciais para alcançar um futuro sustentável e resiliente. As componentes dos planos de ação estatais para as alterações climáticas da Índia constituem um plano abrangente e coordenado para fazer face aos efeitos numerosos e regionalmente específicos das alterações climáticas. Os SAPCC centram-se nas avaliações de vulnerabilidade, nos planos sectoriais, nos quadros políticos, no planeamento financeiro, no reforço das capacidades, na investigação e na monitorização, a fim de garantir que os Estados se possam preparar e responder adequadamente às alterações climáticas. Quando combinadas, estas componentes promovem o desenvolvimento sustentável, aumentam a resiliência e estabelecem um quadro sólido para a ação climática a nível estatal. O Plano de Ação Estatal para as Alterações Climáticas de Kerala é um exemplo de uma estratégia abrangente e pró-ativa para enfrentar as várias questões que as alterações climáticas apresentam. O SAPCC procura melhorar a resiliência e a sustentabilidade da trajetória de desenvolvimento do Estado, concentrando-se na avaliação dos riscos, nos planos sectoriais, nos quadros políticos e no envolvimento das partes interessadas. Mesmo que ainda haja obstáculos a ultrapassar, o facto de o plano se centrar no envolvimento da comunidade, em iniciativas de pequena escala e em soluções criativas oferece uma plataforma sólida para o desenvolvimento de um Kerala resistente às alterações climáticas.

Referências

DoECC. 2022. *Plano de Ação do Estado de Kerala para as Alterações Climáticas 2.0 (20232030).* Direção do Ambiente e das Alterações Climáticas, Departamento do Ambiente, Governo de Kerala.

Plataforma GHG Índia. 2022. Análise das tendências das emissões de GEE de Kerala. The GHG Platform India. https://www.ghgplatform-india.org/wp- content/uploads/2022/09/GHGPI_Trend-Analysis_2005-to- 2018_Kerala_Sep22.pdf. Acedido em 18.05.2024.

Lakshmy, S., Megharaj, B.R. e Tomy, A. 2021. *Climate Action in Kerala-*

Examples of Good Practices [Ação climática em Kerala- Exemplos de boas práticas]. Thanal, Thiruvananthapuram.

Examples of Good Practices [Ação climática em Kerala- Exemplos de boas práticas]. Thanal, Thiruvananthapuram.

MIX
Papier aus verantwortungsvollen Quellen
Paper from responsible sources
FSC® C105338

Printed by Books on Demand GmbH, Norderstedt / Germany